KB245748

이보다 쉬울 수 없는

1%의 엑셀 핵심 원리

CAN NOT
BE EASIER
1% EXCEL
THE CORE
PRINCIPLE

이보다 쉬울 수 없는

1%의 엑셀 핵심 원리

CAN NOT
BE EASIER
1% EXCEL
THE CORE
PRINCIPLE

조재형 지음

이담 Books

『이보다 쉬울 수 없는 1%의 엑셀 핵심 원리』는 필자가 10여 년간 대학강단에서 학생들에게 엑셀을 가르치며 얻은 교훈으로 집필한 책이다. 필자가 처음 엑셀을 접하게 된 건 필자의 대학시절 교양수업을 통해서이다. 조금 부끄러운 이야기지만, 교양수업을 통해 처음으로 접한 엑셀은 필자에게 크게 흥미를 주지도 못했고, 무얼 배웠는지 기억도 나지 않는다. 단지 학점 취득이 목적이었던 것 같다. 그 당시 엑셀보다는 워드 프로세서가 훨씬 중요한 컴퓨터 능력이었다. 컴퓨터를 좀 한다고 이야기하려면 워드 프로세서(아래아 한글을 말한다)를 능숙히 다룰 줄 알아야 했다. 특히 각종 단축키를 이용하고, 타자 속도가 최소 400타 이상은 되어야 했다. 대학 동기들과 누가 빨리 타이핑을 하는지 내기를 했던 기억이 난다. 엑셀을 본격적으로 사용했던 시기는 대학 졸업 후 사회에 진출하면서부터이다. 각종 서류와 데이터를 정리할 때 엑셀이 없어서는 안 될 필수 프로그램이라는 사실을 그때서야 깨달았다. 그리고 어쩔 수 없이 엑셀을 익히기 위해 서점에서 엑셀 책을 구입한 후 독학에 들어갔다.

다시 대학 강단으로 돌아온 후, 학생들에게 했던 첫 수업도 엑셀이었다. 그렇지만 열혈 청춘의 대학 강사시절에 필자에게 배웠던 학생들도 과연 엑셀이 흥미로웠을까? 그렇지 못했을 것 같다. 그리고 10년이 넘는 세월이 지나갔다. 지금까지 해마다 엑셀 관련 최신 서적을 구매하고 졸업생이 취업했다고 한번씩 찾아오면 선물로 주곤 하지만, 여전히 필자의 책장에는 족히 10권이 넘는 엑셀 관련 서적이 꽂혀 있다. 최신 책을 보면서 늘 고민한다. 어떻게 하면 엑셀을 잘 가르칠 수 있을까? 최근에서야 엑셀을 위한 나름대로의 교육법을 찾은 것 같다. 그것은 엑셀을 가르치지 않는 것이다. 이상하게 들리겠지만, 엑셀 수업시간에 엑셀을 가르치지 않는다. 필자의 엑셀 수업 목표는 학생들이 엑셀을 가지고 놀게 하는 것이다. 좀 더 솔직히 말하면, 학생들이 엑셀로 '생고생'을 하게 만든다. 그럴 수밖에 없는 것이 엑셀은 하나도 가르치지 않고, 엑셀로 해결해야 할 난해한 문제만 출제한다. 그리고 팀별로 몇 주간의 시간을 주고 해결하도록 한다. 문제해결방식의 수업이지만, 이러한 고생을 통해 엑셀이 왜 중요한지, 워드 프로세서와 무엇이 다른지, 계산기 대신 왜 엑셀을 사용해야 하는지, 엑셀의 핵심 원리가 무엇인지, 어떤 상황에서 엑셀을 다루어야 하는지를 조금씩 깨달을 수 있도록 유도한다. 필자의 목표처럼 되지 않을 수도 있지만, 분명한 건 학생들로부터 수업 초반에 원망을 참 많이 듣는다는 것이고, 그만큼 학생들이 엑셀로 좌충우돌한다는 점이다. 사실 이것만으로도 만족한다. 최소한 엑셀을 직접 다루고, 이것저것 막 눌러보니까… 엑셀로 간단히 구할 수 있는 합계가 있다면, 처음에는 손으로 풀게 하고, 다음으로 계산기를 이용하게 하고, 숫자를 계속해서 변경시켜 여러 번 계산시켜 고생시킨다. 그리고 엑셀로 들어가서 계산기처럼 풀게 한다. 제일 마지막에서야 엑셀의 합계함수를 통해 간단히 해결할 수 있다는 사실을 알게 되면, 그제서야 깨닫게 된다. '이래서 엑셀을 쓰는구나… 참 기특하다. 엑셀.'

필자의 생고생 엑셀 프로젝트 수업에 참여한 GLE 학생들에게 고마움과 사랑을 전한다. 본 서는 필자가 지금까지 실수했던 엑셀의 이야기와 학생들이 흔히 실수하는 부분까지 전달하고자 노력했다. 그래서 잘못 사용된 엑셀과 올바른 엑셀을 가능한 비교하여 설명하였고, 복잡한 엑셀 기능 대신 꼭 알고 있어야 할 핵심 원리와 개념을 다루려고 노력했다. 그간의 경험을 담으려고 노력하였지만 여전히 부족함을 느낀다. E. H. 곰브리치의 『서양미술사』 서문에 이런 이야기가 나온다.

"나는 전문 용어나 얄팍한 감상의 나열이 많은 젊은이들로 하여금 평생을 통해서 미술책은 모두 그럴 것이라고 백안시하게 만드는 악습이 되고 있다는 사실을 알고 있다. 나는 이러한 함정을 피하기 위해 지나치게 평범하고 비전문적으로 보일지도 모르는 위험 부담을 안고서도 평이한 말을 사용하려고 성심껏 노력했다. 독자들을 일깨워주기보다 자기를 과시하기 위해 '학술적인 용어'를 남용하는 사람들이야말로 구름 위에서 '우리들을 무시하는' 사람들이 아닐지."

그렇다. 최대한 쉽게 써야 한다. 너무나 많은 것을 공부하고 익혀야 하는 지금의 젊은이들이 최소한 엑셀만큼은 어렵다고 느끼지 않도록 하고 싶다. 그래서 그냥 재미있게 보았으면 하는 것이 필자의 소망이다.

목차

5 STEP

엑셀의 분석기능으로 축구 대표선수를 선발하라

Ⅰ. 엑셀은 행과 열로 구성된 셀의 집합체이다. 셀의 위치를 읽을 때는 열(알파벳)을 먼저 읽고, 행(숫자)를 읽으면 된다. 다시 말해, 현재 마우스 포인트의 위치는 셀 A1이 된다.

Ⅱ. 본문에 표기된 그림은 본문의 내용을 다시 한 번 요약해놓은 것이다. 그래서 그림만 보더라도 전체적인 내용을 이해할 수 있도록 하였다.

Ⅲ. 본문에 표기된 내용 중 " " 또는 [   ]로 표기된 것은 엑셀에 들어가는 값 또는 엑셀 메뉴의 명칭을 표현한 것이다.

Ⅳ. 엑셀의 함수는 대소문자를 구분하지 않는다. 엑셀에서는 일반적으로 대문자로 표기되지만, 이해를 높이기 위해 가능한 소문자로 표기하였다.

엑셀은 숫자를 위한 워드 프로세서이다

엑셀의 핵심은 참조(Reference)와 복사(Copy)!

엑셀은 숫자를 위한 워드 프로세서이다. 워드 프로세서는 단순한 타이핑 작업과 간단한 서식만 알고 있어도 쉽게 이용할 수 있지만, 엑셀은 복잡한 함수기능들을 활용해야 한다는 인식이 많은 것 같다. 시중에서 판매되고 있는 엑셀 관련 서적들과 인터넷 정보만 보더라도 엑셀의 기능을 소개하는 데 대부분의 지면을 할애하고 있다. 그렇지만 엑셀의 함수기능만을 보더라도 모두 이해할 필요도 없고, 그럴 일도 별로 없다. 엑셀의 경우, 어느 분야에서 어떤 일들을 하느냐에 따라 필요한 기능이 다르다. 또한 엑셀에 대한 기본적인 이해 없이 복잡한 기능만을 익힌다고 무슨 소용이 있겠는가? 지금의 학생들이 졸업 후 어느 분야에서 일하게 될지, 취업하는 직장에서 어떠한 엑셀기능과 서식을 활용하게 될지 모르는 상황에서 엑셀의 모든 기능을 익힌다는 것은 정말 필요 없는 시간낭비일 뿐이다. 다시 말해 엑셀이 무엇인지를 이해하고, 쉽게 접근하는 것이 필요하다. 그래서 여러분이 다음과 같은 상황에 처해 있다면, 엑셀을 이용하는 것이 좋다.

"엑셀은 숫자를 위한 워드 프로세서이다"

√ 계산기를 활용할 일이 있다면 딱 엑셀이다.
√ 표(table)가 워드 프로세서의 핵심적인 내용이라면 차라리 엑셀이 쉽다.
√ 시간은 없고, 문서를 예쁘게 만들어서 출력하길 원한다면 엑셀이 답이다.

그럼 엑셀의 핵심적인 원리는 뭘까?
엑셀의 가장 기본적인 이해를 위해서는 다음의 문장을 반드시 기억해야 한다.

"엑셀은 참조(reference)해서 복사(copy)하는 것이다"

이것이 엑셀의 핵심이다. 참조해서 복사하는 기능. 이 두 가지 기능을 이해한다면 보다 쉽고 간편하게 엑셀을 활용할 수 있을 것이고, 엑셀이 새롭게 보일 것이다.

이것이 지난 10년간 대학에서 엑셀을 가르치면서 실패와 성공을 통해 얻은 결론이다.

그럼 이제부터 엑셀에 대한 소설 같은 이야기를 한번 풀어보도록 하자.

엑셀에서 참조란 도대체 무엇일까? 무엇을 참조한다는 것일까?

엑셀은 숫자를 위한 워드 프로세서라고 이야기하였다. 이건 다시 말해 엑셀을 통해 문자와 숫자를 모두 활용할 수 있는 보고서를 만들 수 있다는 뜻이다. 워드 프로세서는 쉽게 이해하고 있으니 엑셀의 이해를 위해 먼저 워드 프로세서 이야기를 해보도록 하자. 아래를 보면 [회원관리명단]이라는 표가 하나 보일 것이다. 만약 여러분이 아래와 같은 표를 직접 타이핑하여 만들어야 한다면, 대부분 워드 프로세서를 활용할 것이다. 그러나 아래와 같은 표는 워드 프로세서보다 엑셀을 활용하는 것이 훨씬 편리하다. 왜일까? 이제부터 조금만 상상력을 발휘해보자.

회원관리명단

성명	성별	나이	회원유형	전화번호	우편번호	주소
민병윤	남	23	정회원	(02)595-5374	135-806	서울시 서초구 잠원동
서석완	여	52	준회원	(02)535-3844	135-807	서울시 서초구 반포4동
김민석	남	24	준회원	(051)256-5461	135-806	부산광역시 연제구 연산8동
신동민	남	24	준회원	(011)9741-2234	135-770	서울시 서초구 서초2동
강태중	남	26	정회원	(02)3473-9360	135-805	서울시 서초구 방배1동
도영남	여	36	정회원	(053)322-1233	135-966	대구광역시 북구 관음동
이상욱	남	24	준회원	(02)534-5377	135-807	서울시 강남구 개포동
진명기	여	37	정회원	(02)533-7758	135-805	서울시 금천구 독산동
강승아	여	34	준회원	(043)533-5988	135-810	충청북도 청주시 흥덕구 사창동
박동석	남	23	준회원	(02)595-9538	135-241	서울시 서초구 반포본동 주공1단지아파트
이진건	여	23	준회원	(043)276-1233	135-800	충청북도 청주시 흥덕구 봉명동
최현진	여	42	준회원	(02)826-0696	135-771	서울시 동작구 흑석1동
구예리	남	37	정회원	(051)852-5222	135-805	부산광역시 연제구 연산2동
심선희	여	22	정회원	(02)3482-4392	135-966	서울시 서초구 반포본동 주공1단지아파트
황하수	남	34	정회원	(011)9857-5480	135-807	경상북도 포항시 북구 상원동
여이형	남	26	준회원	(011)261-8809	135-805	서울시 서초구 서초4동 세종아파트
김구애	여	23	준회원	(043)297-7572	135-807	충청북도 청원군 남일면 효촌리
홍영선	여	28	정회원	(043)267-3981	135-805	충청북도 청주시 상당구 금천동
김경옥	여	34	정회원	(031)536-6337	135-806	인천시 중구 서교동
박영석	여	32	준회원	(053)354-3541	135-807	대구광역시 북구 침산3동
서철기	남	36	정회원	(031)536-0668	135-810	서울시 관악구 신대방동
김철수	여	25	준회원	(02)842-4140	135-241	서울시 동작구 신대방1동
박정운	남	46	준회원	(043)255-0934	135-800	충청북도 청주시 상당구 내덕동
김재호	여	42	준회원	(02)596-9347	135-771	서울시 서초구 잠원동
이진경	남	23	정회원	(054)274-8103	135-800	경상북도 포항시 북구 득량동 득량아파트

그림 1 워드 프로세서에서의
표 생성기능

　워드 프로세서에서 표를 만들려면 먼저 표 생성 기능(<그림 1> 참조)을 이용해야
하는데 [회원관리명단]을 만들려면 몇 개의 행과 열이 필요할까?

　여러분은 회원관리명단의 표에서 우선 행과 열이 몇 개인지 대략적으로 훑어볼
것이다. 물론 행과 열의 개수가 꼭 정확할 필요는 없다. 왜냐하면 필요에 따라 얼마
든지 표의 행과 열을 나누거나 복사해서 붙이기를 하면 되니까…. 그런데 엑셀에서
는 이조차 고민할 필요가 없다. 왜냐하면 엑셀은 말 그대로 셀(cell)로 구성된 하나
의 표이기 때문이다. 그냥 회원명단 데이터만 쭉 입력한 다음, 표의 테두리를 표시
해두면 된다. 다시 말해, 엑셀은 테두리가 표시되지 않은 테이블이라고 할 수 있다.

　자, 여러분은 조금 힘들었지만 워드 프로세서의 표에다 위의 정보를 모두 입력하
였다. 그럼 이제는 몇 개의 행과 열인지 당연히 알게 되었을 것이다. 잠깐! 다시 마
음속으로 숫자를 헤아리고 있지 않나? 그렇다. 입력에 정신이 팔려 몇 개의 행과 열
인지 헤아리지 않았다. 그런데 이것을 엑셀로 표현한다면 어떻게 될까? 아래의 <그
림 2>는 엑셀로 작성한 것이다. <그림 2>의 왼쪽을 보면 행 번호를 볼 수 있는데
우리는 이것을 통해 모두 25건(표의 제목은 제외해야 하므로)의 데이터가 입력되었
음을 알 수 있다.

	A	B	C	D	E	F	G
1	성명	성별	나이	회원유형	전화번호	우편번호	주소
2	민병윤	남	23	정회원	(02)595-5374	135-806	서울시 서초구 잠원동
3	서석환	여	52	준회원	(02)535-3844	135-807	서울시 서초구 반포4동
4	김민석	남	24	준회원	(051)256-5461	135-806	부산광역시 연제구 연산8동
5	신동민	남	24	준회원	(011)9741-2234	135-770	서울시 서초구 서초2동
6	강태중	남	26	정회원	(02)3473-9360	135-805	서울시 서초구 방배1동
7	도영남	여	36	정회원	(053)322-1233	135-966	대구광역시 북구 관음동
8	이상욱	남	24	준회원	(02)534-5377	135-807	서울시 강남구 개포동
9	진명기	여	37	정회원	(02)533-7758	135-805	서울시 금천구 독산동
10	강승아	여	34	준회원	(043)533-5988	135-810	충청북도 청주시 흥덕구 사창동
11	박동석	남	23	준회원	(02)595-9538	135-241	서울시 서초구 반포본동 주공1단지아파트
12	이진건	여	23	준회원	(043)276-1233	135-800	충청북도 청주시 흥덕구 봉명동
13	최현진	여	42	준회원	(02)826-0696	135-771	서울시 동작구 흑석1동
14	구예리	남	37	정회원	(051)852-5222	135-805	부산광역시 연제구 연산2동
15	심선희	여	22	정회원	(02)3482-4392	135-966	서울시 서초구 반포본동 주공1단지아파트
16	황하수	남	34	정회원	(011)9857-5480	135-807	경상북도 포항시 북구 상원동
17	여이형	남	26	준회원	(011)261-8809	135-805	서울시 서초구 서초4동 세종아파트
18	김구애	여	23	준회원	(043)297-7572	135-807	충청북도 청원군 남일면 효촌리
19	홍영선	여	28	정회원	(043)267-3981	135-805	충청북도 청주시 상당구 금천동
20	김경옥	여	34	정회원	(031)536-6337	135-806	인천시 중구 서교동
21	박영석	여	32	준회원	(053)354-3541	135-807	대구광역시 북구 침산3동
22	서철기	남	36	정회원	(031)536-0668	135-810	서울시 관악구 신대방동
23	김철수	여	25	준회원	(02)842-4140	135-241	서울시 동작구 신대방1동
24	박정운	남	46	준회원	(043)255-0934	135-800	충청북도 청주시 상당구 내덕동
25	김재호	여	42	준회원	(02)596-9347	135-771	서울시 서초구 잠원동
26	이진경	남	23	정회원	(054)274-8103	135-800	경상북도 포항시 북구 득량동 득량아파트

그림 2 엑셀을 이용하여 회원관리명단을 작성한 모습

또한 위의 표를 통해 우리는 손쉽게 아래와 같은 정보들을 얻어낼 수 있다.

✓ 남자와 여자는 각각 몇 명일까?

✓ 정회원과 준회원은 각각 몇 명일까?

✓ 회원의 평균 나이는 몇 살일까?

✓ 서울 거주자는 몇 명일까? 등등…

위 정보를 어떻게 쉽게 알 수 있지? 당연히 엑셀을 활용하면 된다. 엑셀의 참조기능과 복사기능을 이용해서 말이다. 더 이상 마음속으로 헤아릴 필요도 없고, 헷갈릴 필요도 없다.

그럼 위 정보의 답은 천천히 설명하도록 하고, 다시 핵심적인 본론으로 돌아가 보자.

엑셀의 참조기능은 "="을 통한 복제기능

엑셀의 참조기능이란 간단히 말해 엑셀의 창에 "="를 붙이는 것이다. 셀에 우선 "="를 쓰면 된다. 간단하다. 그럼 "="의 위력을 살펴보자.

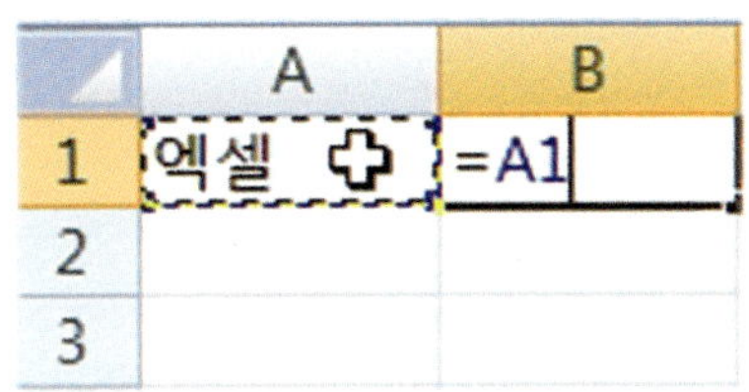

그림 3 참조기능. 셀 B1에 우선 "=" 을 입력한 뒤 참조할 셀 A1 을 마우스로 클릭한다.

<그림 3>의 셀 A1을 보면 "엑셀"이라는 문자 데이터가 입력되어 있다. 그리고 바로 옆 셀인 B1에 "="을 입력한 뒤 "엑셀"이라고 입력된 셀 A1을 마우스로 클릭한다. 그러면 셀 B1에 <그림 3>과 같이 표현되는데, 이것이 참조기능이다. 무척이나 간단하다. 그리고 Enter를 누르면 <그림 4>와 같이 셀 B1도 셀 A1과 동일한 데이터가 입력된다. "엑셀"이라는 동일한 데이터가 복제된 것이다. 그렇다면 대부분의 사람들이 알고 있는 복사(Ctrl+c)와 어떤 차이점이 있을까? 만약 셀 A1을 복사한 뒤, 셀 B1에 붙이기(Ctrl+v)를 하여도 똑같은 결과를 얻을 수 있다. 모두가 아는 사실이다. 그러나 참조기능("=")을 통해 복제된 녀석은 셀 A1의 데이터가 변화하면 자동적으로 함께 변화된다. 즉 "="을 통해 참조된 셀은 원본 데이터가 변화하면 자동적으로 변화되는 복제품이 되는 것이다.

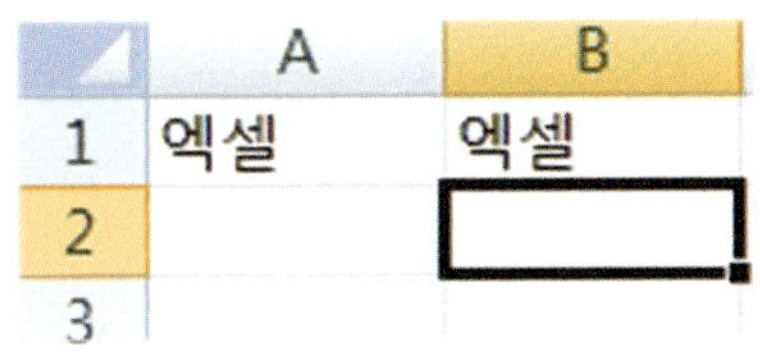

그림 4 <그림 3>의 연속화면. 참조기 능은 "="을 통해 다른 셀에 입력된 값을 복제하는 것이 기 본이다.

STEP 2

여행예산짜기를 통한
엑셀의 참조기능 살펴보기

계산기로 만드는 여행예산 vs 엑셀로 만든 여행예산

엑셀의 참조기능이 단지 "="을 먼저 입력하면 된다는 것을 알았으니 이제 본격적인 계산작업을 해보자. 일상생활에서 업무까지 여전히 많이 활용되고 있는 도구가 계산기이다. 각 가정마다 그리고 회사 책상을 보면 조그만 계산기가 한 개쯤은 마련되어 있을 것이다. 물론 요즘 휴대폰을 통해 계산을 많이 하지만 워낙 계산기가 저렴한 탓인지 계산기는 여전히 눈에 많이 뜨인다. 일상생활에서 활용되는 엑셀기능 중 여러분이 가장 많이 이용할 수 있는 기능도 바로 엑셀의 계산기능이다. 그렇다면 일반 계산기와 엑셀 계산기능의 차이점은 무엇일까? 너무 쉽다. 계산기에 입력된 숫자는 금세 사라지는 휘발성 데이터이지만 엑셀은 입력 후 저장하면 영구 보존된다. 물론 이뿐만은 아니다. 이제부터 엑셀의 계산 기능을 자세히 살펴보자.

엑셀 첫 수업시간 때, 학생들에게 엑셀에 대한 언급은 전혀 하지 않고 이런 이야기로 시작한다. "자~ 참 날씨가 좋아요. 이제 팀도 구성되었으니, 팀 단합을 위해 여행을 간다고 합시다. 그러니까 이제부터 1박 2일 여행계획서를 작성하는 겁니다. 어디를 가든 관계없어요. 단, 이면지 하나 꺼내서 연필로 작성합니다. 이때 중요한 건 여행 예산을 함께 작성하셔야 해요. 물론 계산기를 이용할 수 있습니다."

학생들에게 이런 요청을 하면 그때부터 학생들은 실제 가지는 않더라도 참 열심히 여행예산을 작성한다. 주어진 시간 10분 이내로 작성해서 제출해야 한다. 그러면 <그림 5>와 같이 손으로 작성된 여행 예산이 제출된다.

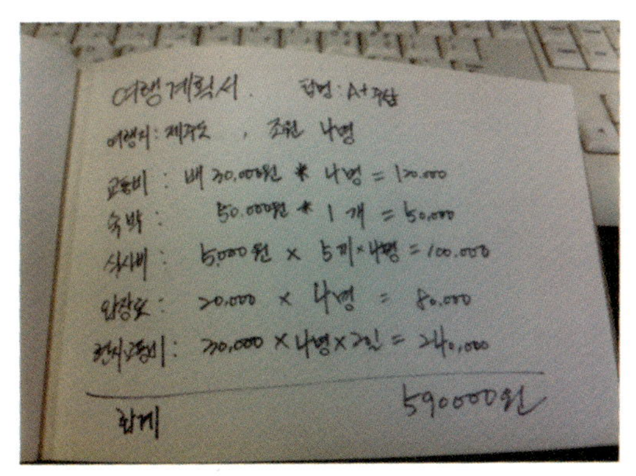

그림 5 계산기와 손으로 작성한 여행예산

모든 팀이 이러한 여행 예산을 완료하면, 다음과 같은 추가주문을 요구한다. "모두 수고 많았습니다. 그런데 조원 중 한 명이 갑자기 이번 여행에 참석할 수 없게 되었습니다. 그래서 다시 예산을 작성해야 합니다. 주어진 시간은 1분입니다. 시작~”

새로운 요청에 학생들은 다시 한 번 야단법석을 떤다. 재빨리 휴대폰을 꺼내 열심히 계산을 하면서 수정한다. 더러 여행예산이 복잡한 경우에는 1분 시간 동안 계산이 완료되지 못하는 경우도 있지만 대부분은 재계산이 완료된다. 그러면 다시 한 번 이렇게 말한다.

“아… 그런데 이번 여행일정이 1박2일이 아니라… 2박 3일로 변경되어서…” 나의 말이 채 끝나지도 않았지만, 학생들에게서 “에이~” 또는 “안 돼요~” 같은 야유(?)를 받게 된다. 이제 학생들에게 마지막 한마디, “이것이 우리가 엑셀을 배우는 이유입니다. 엑셀을 이용하면 눈 깜짝할 사이에 모든 것이 이루어집니다. 마법과 같은 거죠.”

그럼 이번에는 여행예산을 엑셀로 간단히 작성해보자.
<그림 6>에는 제주도 1박2일에 대한 간단한 여행예산을 작성한 것이다. 어떠한 서식도 적용되지 않고 단지 데이터만 입력하였다.

	A	B	C	D	E
1	여행계획서				
2	여행지	제주도	인원		4
3					
4		단가	인원	횟수	금액
5	교통비	30000	4	1	=B5*C5*D5
6	숙박	50000	4	1	
7	식사비	5000	4	5	
8	입장료	20000	4	2	
9	현지교통비	30000	4	2	

그림 6 엑셀을 통한 여행예산 작성하기. 교통비의 금액(셀 E5)을 구하기 위해 단가*인원*횟수를 순서대로 참조하면 된다. 곱하기(*)는 키보드로 입력한다.

엑셀에서 데이터를 입력할 때, 한 가지 주의할 점은 문자 데이터와 숫자 데이터를 엄격히 구별해서 입력해야 한다는 점이다. 다시 말해, 인원이 4명이면 셀에 "4명"을 입력하는 것이 아니라 그냥 "4"라고 입력해야 한다. 왜일까? 데이터 "4"는 숫자로 인식하지만 "4명"은 문자데이터로 인식되기 때문이다. 문자데이터는 계산을 할 수 없다(더하기, 빼기, 곱하기, 나누기 등을 할 수 없다는 이야기이다). 계산기에 "4명" 이라고 입력하지 않고 그냥 "4"라고 입력하는 것과 같다. 물론 계산기에는 "4명"이 라고 입력되지도 않는다. <그림 6>의 금액이라고 적혀진 E열에 우리는 교통비, 숙박, 식사비, 입장료, 현지교통비를 각각 계산할 예정이다. 바로 여기서 엑셀의 "참조 기능"을 활용하면 된다. "="을 먼저 붙이는 것이다. 우리는 수학을 배울 때 항상 "=" 을 제일 마지막에 붙였다. 구구단을 배울 때도 "3*3=9"라고 암송한다. 그런데 엑셀 에서는 계산을 위해 "="을 먼저 입력해야 한다. "=3*3" 이렇게 말이다. 엑셀의 계산 기능도 결국 참조기능에서 시작되었기 때문이다. <그림 6>을 살펴보면 셀 E5에 교 통비를 구하기 위해 참조기능이 적용된 것을 확인할 수 있다. 상세히 설명하면 우선 마우스 포인트를 셀 E5에 위치시킨 후 "="을 먼저 입력하고, 교통비 단가인 셀 B5

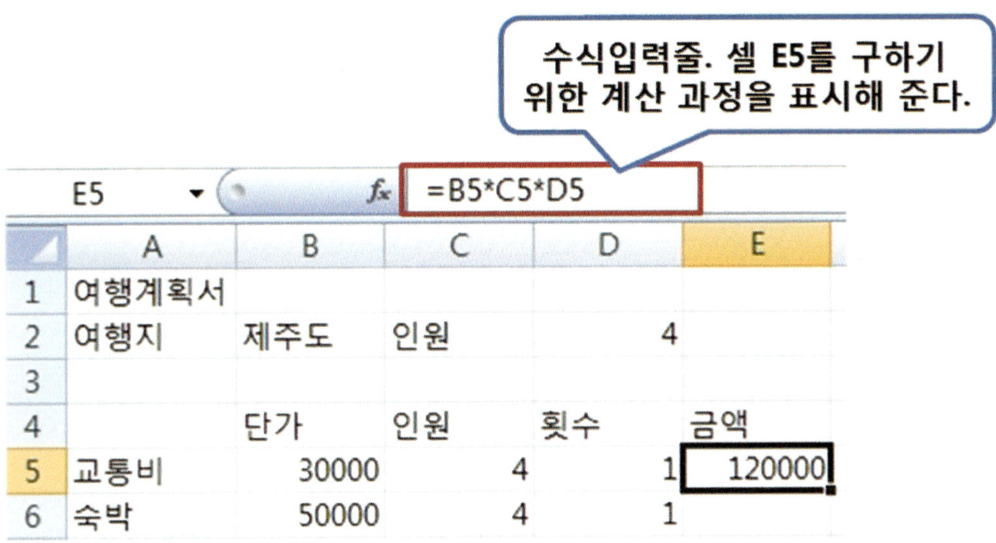

E5		f_x	=B5*C5*D5	
	A	B	C	D	E
1	여행계획서				
2	여행지	제주도	인원		4
3					
4		단가	인원	횟수	금액
5	교통비	30000	4	1	120000
6	숙박	50000	4	1	

그림 7 <그림 6>의 연속화면. 계산이 완료된 화면. "="을 먼저 입력한 뒤, 참조할 셀을 선택하고 *(곱하기)를 하면 계산이 완료된다. "수식입력줄"을 보라.

를 마우스로 선택한다. 그리고 곱하기(*)는 키보드에서 입력한다. 이런 식으로 다시 셀 C5(인원)를 찍고 다시 "*"(곱하기)를 입력한 뒤, 마지막으로 셀 D5(횟수)를 찍어 준다. 그리고 Enter를 누르면 계산이 완료된다. 즉, 교통비를 구하기 위해 "="를 입력한 뒤, 단가*인원*횟수를 차례대로 입력하면 계산결과가 도출된다. <그림 7>은 교통비의 계산결과가 도출된 화면이다. <그림 7>을 보면 "수식입력줄"이라고 표시된 곳이 있다. 마우스 포인트를 셀 E5(교통비 금액을 구한 셀)에 찍어보면 "수식입력줄"에 계산결과에 대한 수식을 보여준다. 이렇게 입력되었다는 것이다.

엑셀의 참조는 자동계산을 위한 초석

그런데 만약 함께 가기로 한 인원 중 한 명이 줄면 어떻게 하면 될까? 그렇다. 인원이 입력된 C5셀의 "4"를 "3"으로 변경만 해주면 된다. 그러면 당연히 계산결과(금액)도 변경된다. 이것이 참조의 역할이다. 계산기는 구하고자 하는 숫자 데이터를 바로 입력하는 것이고, 엑셀의 계산은 숫자 데이터가 입력된 셀을 참조하기 때문에 셀에 어떠한 데이터가 입력되어도 곧바로 반영되어 계산되는 것이다.

그럼 이제 다른 항목도 계산해보자. 아직 숙박, 식사비, 입장료, 현지교통비의 금액을 모두 계산해야 한다. 역시 교통비를 구한 것처럼 동일하게 적용하면 된다. 그런데 잠깐 이런 엉뚱한 생각이 하나 든다. 교통비를 구할 때 계산기에서 계산하듯 구하면 어떻게 될까? 그러니까 <그림 7>의 셀 E5에 "=30000*4*1"라고 직접 값을 입력하는 것이다. 그래도 당연히 된다. 계산결과는 똑같다. 단지 인원이 변경되거나 단가가 변경되면 다시 계산해주면 되지 뭐... 아주 조금 귀찮을 뿐이다. 그런데 엑셀에서는 절대 이렇게 계산하면 안 된다. 왜냐하면 엑셀의 핵심 기능 두 번째, "복사하기"를 사용할 수 없기 때문이다. 엑셀의 핵심개념인 "참조하여 복사하라"를 기억하는가! 복사하기는 여러분이 이미 알고 있는 기능이다. 그냥 복사(Ctrl+c)해서 붙이기(Ctrl+v)이다. 엑셀에서도 동일하지만, 엑셀의 복사에는 무언가 특별함이 숨어 있다.

이에 대한 설명을 위해 <그림 8>을 살펴보자.

수식입력줄

E6				f_x	=B6*C6*D6	
	A	B	C	D		E
1	여행계획서					
2	여행지	제주도	인원			4
3						
4		단가	인원	횟수		금액
5	교통비	30000	4	1		120000
6	숙박	50000	4	1		200000
7	식사비	5000	4	5		
8	입장료	20000	4	2		
9	현지교통비	30000	4	2		

복사 (Ctrl+c)

붙이기 (Ctrl+v)

그림 8 엑셀의 복사하기와 붙이기. 참조기능을 통해 계산한 후 이를 복사하면 엑셀은 수식이 복사된다.

교통비 금액을 구한 셀 E5를 복사한 뒤, 셀 E6(숙박금액)에 그냥 붙이기를 하면 계산이 끝난다. 또 일일이 참조해서 계산할 필요가 없는 것이다. 똑같은 요령으로 식사비, 입장료, 현지교통비를 모두 구할 수 있다. 셀 E5를 복사하면 <그림 8>처럼 점선의 테두리가 깜박거리는데 마치 네온사인을 닮았다. 이 네온사인 표시가 있는 한 계속적으로 "붙이기"가 가능하다는 뜻이다. 붙이고 싶은 곳에 계속해서 Ctrl+v를 하면 된다. 그럼 식사비, 입장료, 현지교통비도 셀 E7, E8, E9에 각각 Ctrl+v(붙이기)만 하면 계산이 종료된다. 참 편리한 기능이다. 이 맛 때문에 우리는 엑셀을 사용하는 것이다. 그런데 복사해서 붙일 곳이 한두 군데가 아니라 많으면 일일이 Ctrl+v를 하는 것도 귀찮지 않을까? 그래서 "연속 복사하기" 기능이 지원되는데 요령은 <그림 9>와 같다.

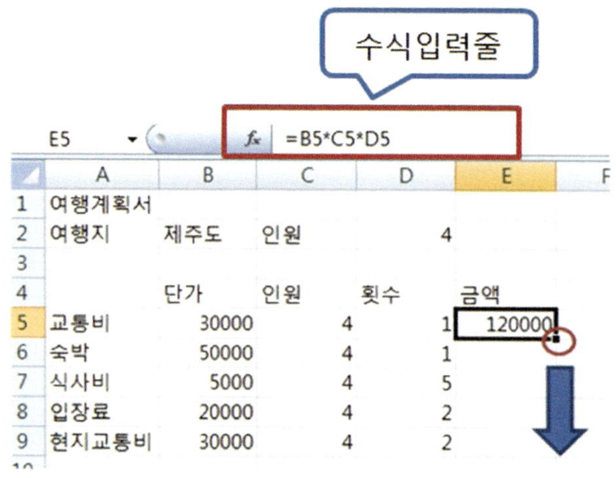

그림 9 "연속 복사하기" 기능을 이용하면 계산작업이 순식간에 완료된다. 셀 E5의 우측하단을 보면 사각형 점(■)이 보이는데 여기를 마우스로 끌어내리면 "연속 복사하기"가 된다.

<그림 9>처럼 셀 E5에 마우스 포인트를 찍어보면 우측하단 모서리에 사각형의 조그만 점(■)이 보일 것이다. 그곳에 마우스를 가져가면, 마우스 포인트 모양이 뚱뚱한 십자가 모양(✛)에서 홀쭉한 십자가(+) 모양으로 변화된다. 이때 마우스를 아래로 드래그하면 연속 붙이기가 된다. 정말 간편하다. 그런데 아래 또는 옆으로 드래그할 항목이 많으면 이마저 귀찮을 수 있고, 손이 삐끗하여 드래그할 때 실수할 수도 있다. 이 경우에는 홀쭉한 십자가 모양일 때, 더블클릭을 해보라. 모두 붙이기가 되어 있을 것이다.

자, 지금까지 엑셀을 이용하여 여행예산을 작성해보았다. 이 예제를 통해 엑셀의 참조하여 복사하라는 의미를 살펴보았다. 이 기능만 알고 있더라도 여러분은 일상생활에서 대부분의 계산 작업을 소화할 수 있을 것이다.

정리하면, 참조기능을 이용하여 "="를 먼저 입력하라. 그리고 참조할 셀을 선택하라. 필요한 사칙연산(더하기, 빼기, 곱하기, 나누기)을 입력하라. 마지막으로 그냥 Enter만 누르면 끝이다. "엑셀에서 계산은 무조건 하나만 구하면 된다." 왜냐하면 나머지는 그냥 복사해서 붙이기를 하면 되니까. 물론 참조와 복사의 기능은 다양하지만 여기서는 기본만 알고 있으면 된다. 엑셀 참 쉽다. 당장 엑셀을 계산기로 활용해보자. 여러분의 예산을 쉽고, 간단하면서 정확하게 파악해줄 것이다.

함수도 참조기능의 응용일 뿐이다. 합계함수 구하기

위에서 살펴본 여행 예산을 마무리할 때가 왔다. 교통비, 숙박, 식사비, 입장료, 현지교통비의 금액을 모두 구했으니 이제는 모든 항목의 합계를 구해 전체 예산이 얼마인지 계산해야 한다. <그림 10>을 살펴보자.

PMT	▼	✕ ✓ f_x	=E5+E6+E7+E8+E9		
	A	B	C	D	E	F
1	여행계획서					
2	여행지	제주도	인원		4	
3						
4		단가	인원	횟수	금액	
5	교통비	30000	4	1	120000	
6	숙박	50000	4	1	200000	
7	식사비	5000	4	5	100000	
8	입장료	20000	4	2	160000	
9	현지교통비	30000	4	2	240000	
10	합계				=E5+E6+E7+E8+E9	
11						

그림 10 여행예산 합계 구하기. 역시 참조를 이용하여 더하기만 하면 된다. 사칙연산을 위한 기호(+, -, *, /)는 키보드에서 입력한다.

셀 E10을 살펴보면, 항목별 합계를 구하는 계산식을 볼 수 있다. 역시 참조기능을 사용해서 먼저 "="을 입력한 뒤, 합계를 구할 항목을 하나씩 선택하였다(마우스로 해당 셀을 클릭한다는 뜻이다). 물론 중간중간에 "+" 기호를 입력해야 한다. 그리고 Enter를 치면, 합계는 820000이 된다. 혹시 단가, 인원, 횟수 등이 변경될 때, 해당 셀의 데이터만 변경하면 전체 예산도 자동적으로 변경될 것이다. 숫자는 언제든 변경될 수 있는 데이터이다. 여러분은 참조기능만 이용하면 된다. 나머지는 모두 엑셀이 처리해줄 테니 걱정하지 말자. 그리고 계산할 항목이 너무 많으면 연속 복사하기

기능도 제공된다고 하였다(연속 복사하기= 홀쭉한 십자가 모양). 이번 여행 예산에서도 총 5개의 계산 항목 셀을 더해주어야 한다. 이것을 한 번에, 간단히 합계를 내주는 것이 함수이다. 여기서는 더하기 함수를 처음으로 살펴볼 것이다. 더하기 함수는 "=sum"이라고 쓴다. 역시 "="을 먼저 입력하고, 합계의 영어인 "sum"을 입력하면 된다. 엑셀의 함수는 모두 영어로 표현되어 있다. sum을 입력할 때에는 대소문자를 구분하지 않으니 편한 대로 쓰면 된다. 자, 그럼 함께 입력해보자.

우선 셀 E11에 =sum이라고 입력한다. 그리고 "(" 괄호를 입력한 뒤 합계를 구할 셀 영역(셀 E5에서 E9까지)을 마우스로 드래그해주면 된다. 지금 이 작업이 <그림 11>에 표현되어 있다.

IF	▼	X ✓ fx	=sum(E5:E9	
	A	B	C	D	E

	A	B	C	D	E
1	여행계획서				
2	여행지	제주도	인원		4
3					
4		단가	인원	횟수	금액
5	교통비	30000	4	1	120000
6	숙박	50000	4	1	200000
7	식사비	5000	4	5	100000
8	입장료	20000	4	2	160000
9	현지교통비	30000	4	2	240000
10	합계				820000
11	합계(=sum함수이용)				=sum(E5:E9

"=sum"을 입력한 후 괄호를 열고, 참조할 셀을 마우스로 드래그 해주면 된다. 그리고 괄호를 닫고 Enter!

그림 11 합계 함수를 이용하여 합계구하기. "=sum"(참조할 영역을 마우스로 드래그)

이때 주의할 점은 마우스로 드래그할 때, 마우스 포인트 모양이 <그림 11>처럼 뚱뚱한 십자가 모양이 되어 있어야 한다. 연속 복사할 때의 홀쭉한 십자가 모양과 혼돈하지 말자. 드래그를 해주면 수식입력줄에 "=SUM(E5:E9)"라고 입력될 것이다. 그리고 선택된 영역은 네온사인처럼 빤짝일 것이다. Ctrl+c를 했을 때와 동일하다. 이제는 괄호를 닫아주고 "Enter"를 치면 합계가 도출된다. 그런데 여러분 중에는 자동합계라는 기능을 알고 있는 사람이 있을 것이다. 그렇다. 자동합계를 알고 있다면 더 쉽다.

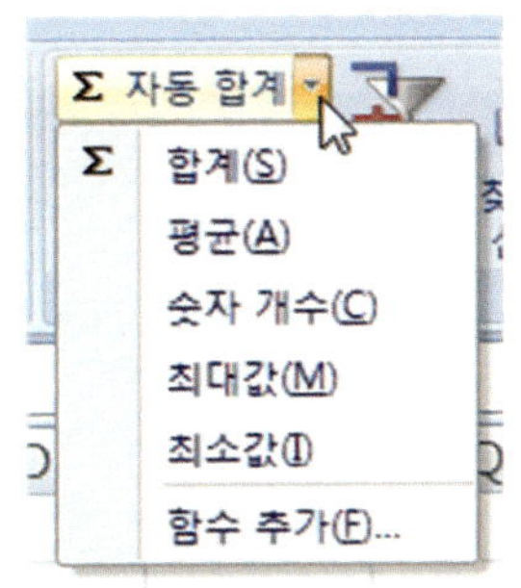

그림 12 자동합계를 통해 합계, 평균, 숫자 개수, 최댓값, 최솟값을 쉽게 구할 수 있다.

자동합계는 우측 상단의 메뉴 패널을 보면 "Σ자동합계"를 쉽게 찾을 수 있다. 자동 합계라고 표현했지만, 합계뿐 아니라 평균, 숫자 개수('모두 몇 개일까요?'를 구할 수 있는 함수), 최댓값과 최솟값을 구할 수 있다. 다시 말해 자동합계는 빈번하게 사용되는 기본함수들을 사용하기 쉽게 묶어둔 것이다. 여기서 합계를 선택하면 "=sum()"이 자동적으로 입력된다. 그럼 사용자는 어떤 셀을 참조할 것인지 마우스로 드래그(셀 선택)만 해주면 끝이다. 자동합계 메뉴를 클릭하면 "=sum()"과 같은 함수를 직접 입력하지 않아도 된다.

여기서 잠깐! "=sum(E5:E9)"에서 ":"(콜론)의 역할이 뭘까? ":"(콜론)은 from A to C의 영역을 말하는 것으로 A부터 C까지의 연속영역을 의미하는 것이다. 다시 말해 A, B, C의 영역을 모두 포함한다는 뜻이다. <그림 11>에서 E5:E9는 셀 E5, E6, E7, E8, E9의 모든 셀 영역을 참조한다는 뜻이다. 만약 ":"(콜론) 대신 ","(콤마)를 입력하면 어떻게 될까? 다시 말해 "=sum(E5, E9)"가 되면 셀 E5와 셀 E9의 두 개 셀만 합계를 구하는 것이다.

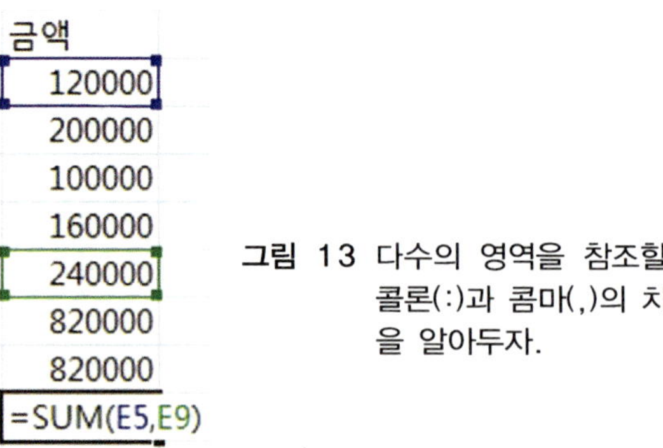

그림 13 다수의 영역을 참조할 때, 콜론(:)과 콤마(,)의 차이점을 알아두자.

자, 합계를 계산함으로써 여행의 전체 예산이 82만 원이라는 것을 알게 되었다. 그럼 1인당 지출비용은 과연 얼마일까? 이걸 구하려면 82만 원에서 전체 인원인 4명을 나누면 1인당 지출비용을 쉽게 구할 것이다. "820000/4=205000"이 된다. 1인당 각출할 비용은 이십만 오천 원이다. 이걸 엑셀에서 구한다면 여러분은 어떻게 할까? "=820000/4"라고 입력하면 될까? 이렇게 구하면 꽝이다. 엑셀은 계산기처럼 구하면 안 된다고 여러 번 강조했다. <그림 14>를 살펴보자.

	A	B	C	D	E
	IF		f_x	=E11/D2	
1	여행계획서				
2	여행지	제주도	인원	4	
3					
4		단가	인원	횟수	금액
5	교통비	30,000	4	1	120,000
6	숙박	50,000	4	1	200,000
7	식사비	5,000	4	5	100,000
8	입장료	20,000	4	2	160,000
9	현지교통비	30,000	4	2	240,000
10	합계				820,000
11	합계(=sum함수이용)				820,000
12	1인당 지출할 예산				=E11/D2

그림 14 나누기를 이용하여 1인당 지출비용 구하기. 나누기 역시 합계와 인원 값이 입력된 해당 셀을 참조해서 계산한다.

셀 E12를 보면 "=E11/D2"라고 입력되어 있다. 셀 E11은 합계가 도출된 셀(파란색 영역)을 참조한 것이고, 셀 D2는 인원 데이터(녹색 영역)가 입력된 셀을 참조한 것이다. 엑셀에서 모든 계산은 반드시 참조기능을 사용하라. 이러면 인원이 변경되더라도 자동적으로 금액, 합계, 1인당 지출할 예산이 함께 변경된다. <그림 15>에서는 셀 C5부터 C9까지 모두 셀 D2를 참조하도록 하였다.

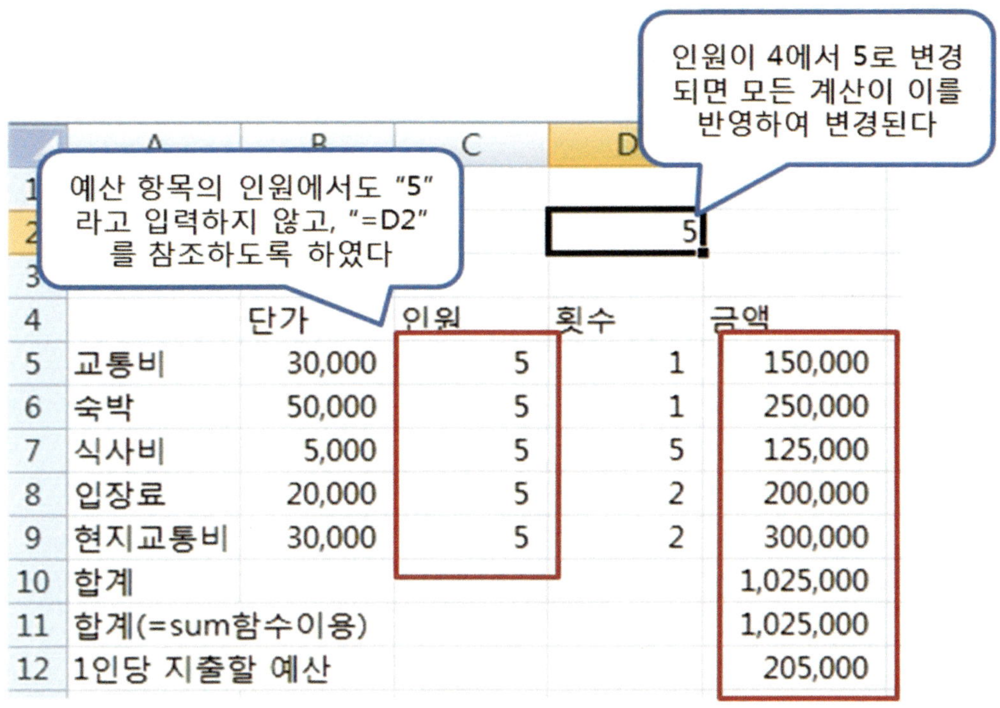

그림 15 인원데이터(셀D2)를 참조하여 계산한 경우, 인원데이터(셀D2)만 변경되면 자동으로 모든 계산이 반영된다.

그럼 다시 한 번 정리해보자.

엑셀의 핵심개념은 "참조해서 복사하라"이다. 우리는 여행예산짜기를 통해 본 개념이 어떻게 활용되는지 살펴보았다. 또한 복사하기의 개념은 워드 프로세서와 조금 다르다는 것을 알았다. 정확히 말해 워드보다 훨씬 큰 개념의 복사기능을 제공한다. 엑셀에서 복사란 복사할 대상이 무엇이냐에 따라 붙이기가 달라진다. 그럼 이

개념에 대해서 자세히 알아보자.

엑셀에서 복사하기는 다양하다

워드 프로세서에서 복사를 하면 어떻게 될까? 생각해본 적이 있는가? 너무 쉽고도 당연하지만 데이터와 서식이 복사된다. 다시 말해 "*복사하기*"라는 본 단어를 복사할 경우 "복사하기"라는 데이터와 본 데이터에 적용된 서식들(빨간색, 글씨크기 14, 기울기, 밑줄, 굵게)이 함께 복사되어 붙여진다. 엑셀 또한 워드 프로세서와 동일하다. 그러나 계산결과를 복사할 경우에는 상황이 달라진다.

<그림 16>을 살펴보자.

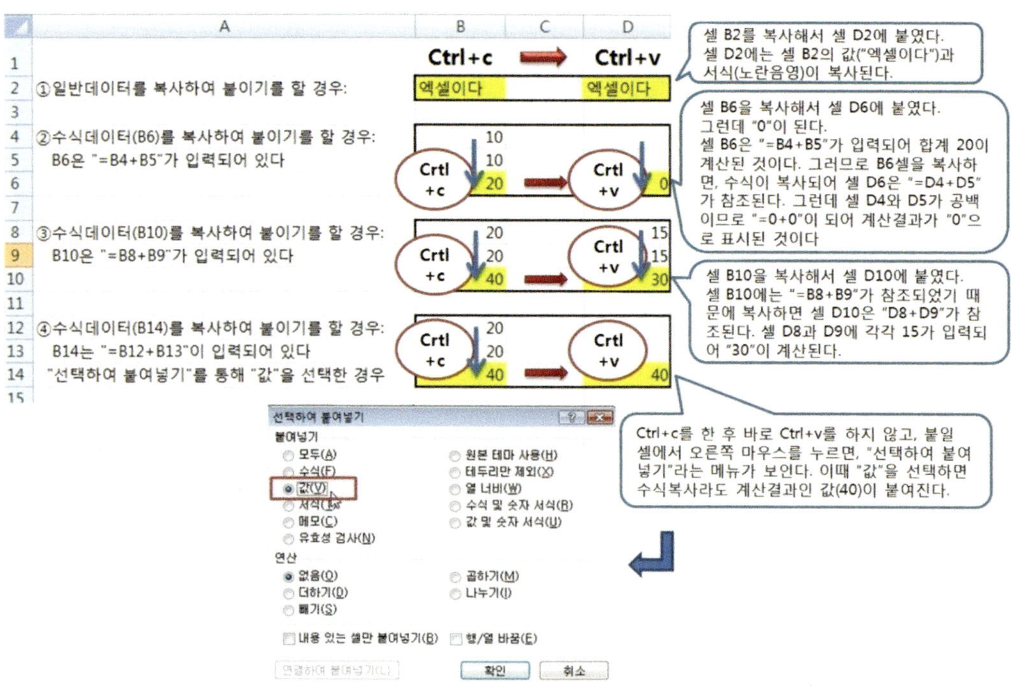

그림 16 엑셀의 복사하기는 "일반적인 복사"(데이터 및 서식복사)와 계산결과에 대한 계산 과정을 복사하는 "수식복사"로 구분된다.

<그림 16>에서 [②수식데이터(B6)를 복사하여 붙이기를 할 경우:]를 보게 되면 셀 B6에 "20"이 입력되어 있다. 이건 "20"을 입력한 것이 아니라 참조기능을 통해 다음과 같이 입력된 것이다. "=B4+B5."

결국 셀 B4와 B5를 참조하여 "20"이라는 합계를 도출한 것이다. 이러한 계산결과를 복사하여 붙이기를 하면 계산결과인 "20"을 복사하는 것이 아니라 계산과정인 "=B4+B5"를 참조하여 "=D4+D5"가 입력된다. 우리는 이러한 참조를 상대참조라고 이야기하는데 이 단어를 암기할 필요는 없다. 꼭 이해할 것은 참조를 복사하면 참조의 위치가 복제된다는 개념이다. 쉽게 말해 셀 B6은 "=B4+B5"의 위치를 참조했고, 이것을 복사한 셀 D6은 자신의 영역인 "=D4+D5"의 위치를 참조하는 것이다. 그러니까 복사를 해서 붙이기를 하면 붙여지는 위치에 맞게 참조도 상대적으로 변화한다는 뜻이다.

그럼 수식을 복사할 때, 그냥 계산결과를 붙여넣기 할 수 없을까? 이렇게 하고 싶은 경우가 꼭 발생한다. 왜냐하면 계산결과만 보고 싶을 경우가 있는데 수식을 복사할 경우에는 수식이 참조한 모든 영역까지 복사를 해야만 계산결과에서 에러가 발생하지 않기 때문이다. 위 예에서 "=B12+B13"을 복사하는 것이 아니라 그냥 "=B12+B13"의 계산 결과인 "40"을 붙여넣기 할 수 없느냐 말이다. 물론 할 수 있다. Ctrl+c를 한 후, Ctrl+v를 바로 하지 말고, 붙여넣을 셀에서 오른쪽 마우스를 누른다. 그럼 "선택하여 붙여넣기"라는 메뉴가 보인다. 이걸 클릭하면 <그림 16>과 <그림 17>처럼 창이 하나 보이는데, 이때 "값"이라는 옵션을 선택하면 된다.

여기서 잠깐! "선택하여 붙여넣기" 창을 보면 붙여넣을 수 있는 다양한 옵션이 있음을 알게 된다. 여기서는 "값"만 설명하였다. 왜? "값"은 자주 써먹는 옵션이니까. 그런데 한 가지 더, 아래에 보면 "행/열 바꿈"이라는 옵션 창이 보인다. 이것도 꽤 쓸만한 옵션이다. 한번 해보라. 행과 열이 바뀌면서 붙여진다. <그림 17>처럼.

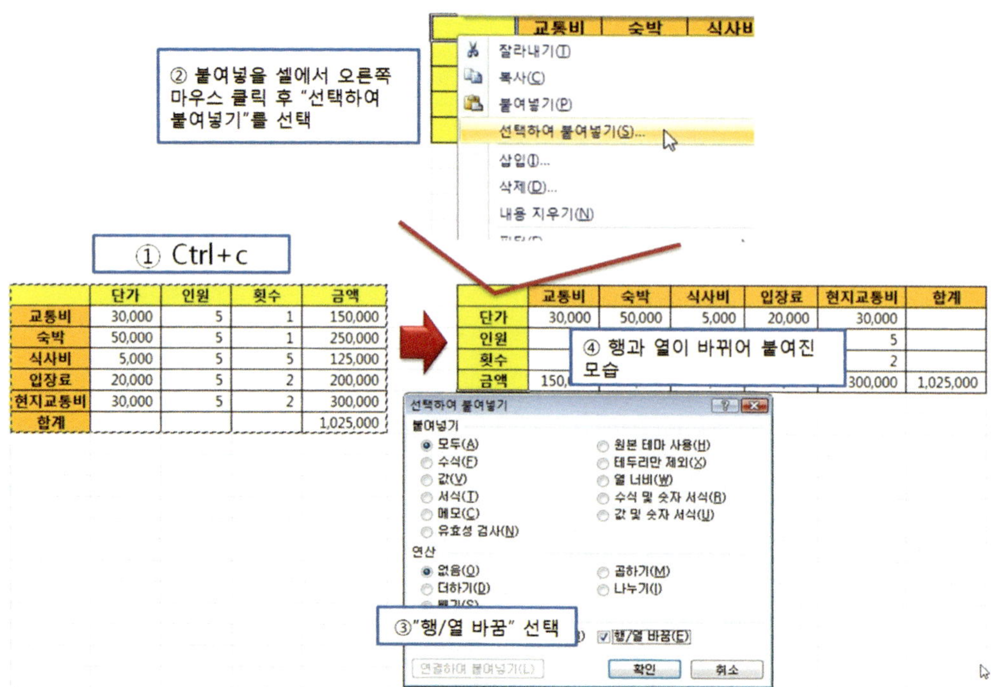

그림 17 "선택하여 붙여넣기"를 통해 행과 열을 바꾸어서 붙여넣기를 할 수 있다.

금액을 표시할 때는 쉼표 스타일을 잊지 마세요

자, 여러분, 아래의 금액은 얼마일까?

100000000원

그렇다. 1억이다. 우리 모두는 이렇게 큰 돈을 직접 만질 일이 별로 없다. 그래서일까? 우리가 위 금액을 파악할 때 어떻게 1억인지 알게 되었을까? 아마 10명 중 9명은 일자리부터 십, 백, 천, 만… 이렇게 마음속으로 헤아린다. 이렇게 하여도 큰 문제는 없지만, 만약 여러분이 기업에서 이런 큰 금액을 계산하다가 마지막 끝자리 "0"

을 하나 빼먹으면 어떻게 될까? 1억이 졸지에 1천만 원이 되는 것이다. 그리고 해고 될 가능성도 높아진다. 그래서 우리는 일반적으로 이런 금액을 다룰 때 천 단위 구분기호(,)를 붙이게 된다. 만 원을 표시할 때도 10,000원이라고 쓴다. 십만 원은 100,000원, 천만 원은 10,000,000원, 1억은 100,000,000원이 되는 것이다. 천 단위 구분기호를 붙이면 금액 계산에서 "0"을 하나 빠트리는 엄청난 실수를 피할 수 있다. 천 단위 구분기호(,)가 몇 개 붙었느냐에 따라 큰 금액이라도 쉽게 파악할 수 있다. 만약 워드 프로세서상에서 이렇게 천 단위 구분기호를 붙인다면 ","(쉼표)를 직접 입력해야 한다. 그러나 엑셀에서는 금액 계산을 한 후, 일괄적으로 천 단위 구분기호를 간단히 추가할 수 있다. 자, 다시 아래의 그림을 보도록 하자.

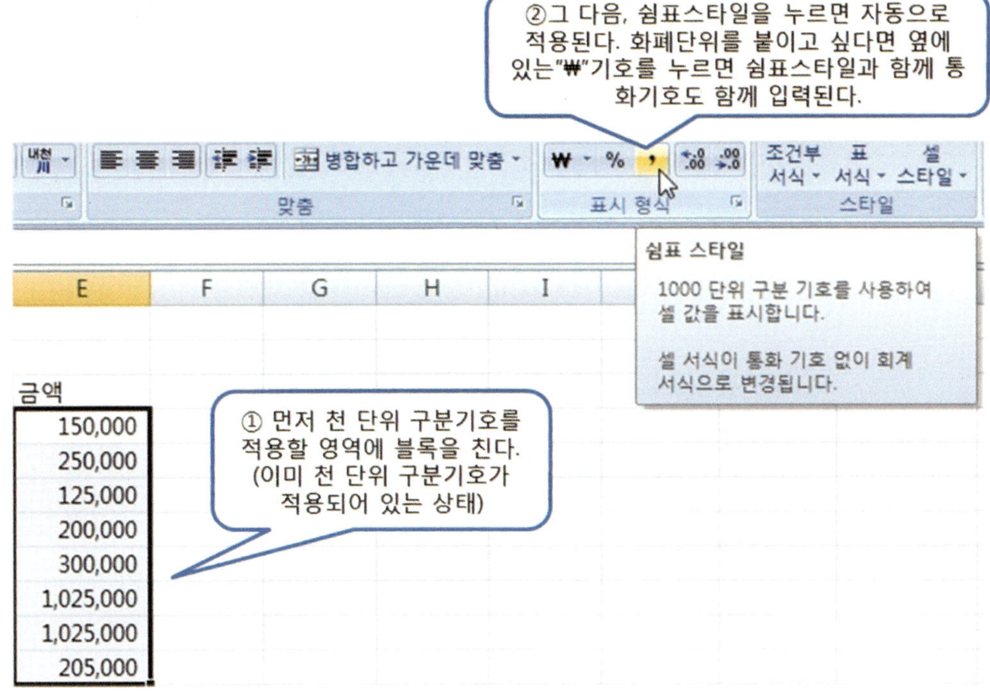

그림 18 쉼표스타일을 이용하여 금액에서 천 단위 구분기호(,) 적용하기

천 단위 구분기호를 입력할 영역에 마우스로 드래그하여 블록을 친 다음, 메뉴에서 "쉼표 스타일"을 클릭하면 끝. 정말 간단하다. 그럼 <그림 18>처럼 천 단위 구분

기호가 붙게 되고 금액을 한결 쉽게 읽을 수 있다. 아직 익숙지 않겠지만, 천 단위 구분기호를 꼭 붙여야 한다. 그럼 큰 금액도 쉽게 파악되고, 0을 하나 빼먹는 실수도 하지 않게 된다. 그리고 조직사회에서는 금액을 다 이렇게 표기하여 구분하고 있다. 만약 통화기호도 함께 표기하고 싶다면, 쉼표스타일에서 왼쪽을 보면 "₩"(원화기호)를 볼 수 있다. 역시 클릭하면 쉼표스타일과 함께 원화기호가 함께 입력된다.

쉼표 스타일 바로 옆에 있는 "%"(백분율 스타일)도 매우 자주 사용되는 기호이다. 백분율을 자동으로 적용할 수 있는 메뉴인데, 역시 매우 편리한 녀석이다. 백분율을 적용하려면 우리는 "*100"(곱하기 100)을 해야 한다고 수학시간에 배웠을 것이다. 그러나 엑셀에서는 백분율 스타일만 적용하면 된다. 그럼 "0.1"이라고 나온 계산결과가 "10%"라고 자동으로 변경된다. 이 백분율 스타일은 나중에 살펴볼 것이다.

엑셀을 통해
학생 100명의 성적 구하기

엑셀을 잘하는 비법!

엑셀을 잘할 수 있는 비법이 있을까? 물론 있다. 엑셀에 대한 거의 모든 책에서 이야기하는 것이다. 바로 여러분이 직접 엑셀을 활용하는 것! 참 답답하고 지루한 이야기겠지만 앞에서 살펴본 것처럼 여행 예산을 짜든지, 가계부를 작성하든지, 용돈관리를 하든지… 무엇이든 엑셀을 이용해보는 것이 가장 좋은 방법이다. 지금까지 엑셀의 교육법은 엑셀의 기능을 어떻게 활용할 것인지에 초점이 맞추어져 왔다. 그런데 학생의 경우, 이러한 엑셀의 기능을 활용할 일이 별로 없는 것 같다. 기업처럼 돈의 흐름을 파악할 일도 없고. 물론 학생들도 적은 돈이긴 하지만 용돈이나 아르바이트 등으로 번 돈을 관리하거나 어학연수나 여행 비용을 계산하는 등 엑셀을 활용할 일들을 찾아보면 의외로 많다. 적은 돈으로 빡빡한 학교생활을 하다 보니 굳이 엑셀을 활용하여 돈을 관리할 필요성까지 느끼지 못할 뿐이다. 그래도 엑셀을 사용해보면 삶의 조그만 여유를 느낄 수 있다. 돈의 흐름을 살펴본다는 것은 미래에 내가 할 수 있는 여력을 알 수 있기 때문이다. 그리고 미래를 위해 필요한 돈이 얼마인지를 알 수도 있으니 현재의 목표를 세우는 데 효과적이다. 김난도 교수의 『아프니까 청춘이다』라는 책을 보면 인생시계에 대한 설명이 나온다. 나의 경우에는 이 인생시계를 엑셀로 계산해보았다. 그러니까 내가 몇 살까지 살 경우, 지금의 나이를 입력하면 하루 24시간 중 지금이 "몇 시, 몇 분, 몇 초"인지를 도출해주는 계산법을 엑셀로 만들었다. 그리고 수업시간에 학생들에게 배포한 적이 있는데 반응이 괜찮았다. 아니면 인생설계도 엑셀로 작성이 가능하다. 학생들에게 꼭 직접 작성해보라고 권하고 싶다. 엑셀로 짜는 인생설계는 매우 간단하다. 우선 자기가 언제까지 살지 적는다. 예를 들어 100살이라고 하면, 100살 때까지 살기 위해 필요한 돈을 함께 적는다. 당신이 100살이 되었을 때 필요한 돈은 얼마인가? 10억, 20억… 그 이상을 원하는가? 내가 100살이면 필요한 돈은 0원이다. 죽을 텐데 무슨 돈이 필요하나. 자식들에게 물려줄 유산까지 생각할 만큼 여유가 없다. 대학까지 보내는 데 2억이 넘는 비용이 소요된다고 하는데… 휴~. 여러분이 근로자의 삶을 살게 된다면, 취업 후에 정년퇴직의 나이까지가 돈을 버는 기간이 된다. 정년퇴직 이후에는 계속해서

지출만 이루어진다. 다시 정리해보면 여러분의 나이를 엑셀로 작성한 다음, 수익과 비용으로 구분하고 잔액을 계산한다. 비용에서 매년 물가인상률도 반영된다면 더욱 좋겠다. 여러분의 인생설계에서 꼭 달성해야 할 꿈을 함께 표기해주면 좋다. 예를 들어 세계여행이나, 여러분 이름으로 된 기부재단을 만든다든지 등이다. 여러분의 기분을 좋게 만들 수 있는 꿈을 작성해보는 것이다. 이 꿈을 달성하기 위해 돈이 얼마나 필요한지를 작성해보면 된다. 가장 중요한 것은 인생설계를 엑셀로 작성하면서 기분이 좋아져야 한다. 로또와 여행의 공통점은 로또 당첨 발표일이나 여행출발 당일보다 기다리고 준비할 때가 더 행복하다는 점이다. 여러분의 인생설계도 그래야 한다고 생각한다.

그럼 다시 엑셀에 대한 이야기로 돌아가자. 어떠한 것이든 직접 엑셀을 활용해보라고 했는데 이렇게 하는 또 다른 이유는 실수를 통해 매우 큰 깨달음을 얻을 수 있다는 것이다. 엑셀은 계산기와 달리 계산의 과정이 모두 기록되기 때문에 실수를 두려워할 필요가 없다. 계산기에서 "925700+5620"을 입력해서 합계를 구할 경우, 잘못 입력할 경우가 있다. 0을 하나 더 붙인다든지, 7을 8로 입력할 수도 있다. 그러나 일반적으로 계산기에서는 계산결과만 도출되므로 내가 실수를 했는지를 모르고 그냥 넘어간다. 정말 큰 문제가 발생할 수 있다. 그러나 엑셀은 데이터가 입력되고 이를 참조하여 계산하기 때문에 모든 기록이 남아 있다. 실수를 발견할 여지가 많아진다는 것이다.

학생 100명의 성적 구하기

그럼 이번에는 엑셀을 통해 본격적인 계산 작업을 해보자. 이전의 계산보다 훨씬 복잡해진다. 본 예제를 통해 우리는 엑셀에서 필요한 대부분의 것들을 알 수 있을 것이다.

대학 강단에서 학생들에게 엑셀을 가르치고 있지만 거의 엑셀에 대한 기능은 설명하지 않는다. 엑셀을 가르치지만 엑셀의 기능은 수업시간에 설명하지 않는다는 뜻이다. 다만 "참조하여 복사하라"는 엑셀의 기본개념만 설명할 뿐이다. 대신 아래와 같은 문제를 학생들에게 내어 스스로 해결하도록 한다.

"조재형 교수는 이번 학기에 교양과목인 '학술세미나 연구방법론'을 가르치고 있다. 수강생이 100명이다. 이들의 성적처리를 하려고 한다. 리포트 2번, 중간고사 1번, 기말고사 1번 그리고 출석이 성적처리를 위한 기본 데이터이다(각 항목별 점수는 임의로 부여한다). 성적평가는 절대평가를 기준으로 한다. 즉, 모든 평가항목(리포트에서 출석까지)의 합계를 기준으로 학점을 줄 것이다. 이를 위해 학점부여를 위한 학점기준표를 제시하라(예를 들어 A+은 95점 이상이다). 본 학점기준표를 이용하여 학생 100명의 학점을 부여하라."

어떻게 하면 성적처리를 효율적으로 진행할 수 있을지 샘플 파일을 만들어라. 조 교수는 여러분이 제시한 샘플 파일을 이용하여 성적 데이터만 변경할 것이다. 효과적 성적 도출방법을 조 교수에게 설명하라.

본 문제를 해결하는 데 3주의 시간이 주어진다. 엑셀기능은 하나도 가르치지 않고, 팀별로 이러한 문제를 제시하면 학생들은 당황해 한다. 100명의 학생과 성적 데이터도 학생들이 직접 입력해야 한다. 나는 학생들이 수업시간에 본 문제를 해결하는데 있어 엉뚱한 길로 빠지지 않도록 조언만 해줄 뿐이다. 정확히 말하면 참조하여 복사하는지를 점검한다. 처음의 걱정과 달리 3주 후에 학생들이 제시하는 엑셀은 너무나 훌륭하다. <그림 19>는 수업시간에 학생들이 만든 샘플파일 중 일부이다. 학생 100명들의 성적을 정확하게 도출하였다. 사실 100명이라는 숫자가 부담스러울 수 있지만, 이미 앞서 강조한 것처럼 엑셀에서는 단 한 명의 학생에 대한 성적처리만 완벽하게 이루어지면 끝이다. 나머지 99명은 복사하면 된다. 복사하는 데 1초도 걸리지 않는다. 모든 팀에서 나름대로의 해결 방법을 제출하기 때문에 어떤 하나가 정답일 수는 없다. 표현방법과 정도의 차이가 날 뿐, 성적을 도출하는 핵심적인 개념은 거의 동일하게 제출된다.

그럼 여러분도 성적 구하기를 통해 엑셀과 친해지도록 해보자.

2012 학생성적표												
전체석차	학년석차	학년	이름	레포트1	레포트2	중간고사	기말고사	발표점수	출석	총점	학점	최종학점
1	1	2	진영희	9	10	18	20	30	10	97	A+	A+
3	2	2	이슬기	9	9	18	20	30	10	96	A+	A+
6	3	2	문다예	8	9	19	20	29	10	95	A+	A+
6	3	2	김지원	10	9	18	20	28	10	95	A+	A+
6	3	2	김지원	9	10	19	20	27	10	95	A+	A+
6	3	2	김원희	10	10	19	20	26	10	95	A+	A
6	3	2	최승현	10	10	20	20	25	10	95	A+	A
11	8	2	이나영	9	9	20	17	27	10	92	A	A
13	9	2	유지태	7	10	18	18	28	10	91	A	A
13	9	2	김국진	7	9	19	19	27	10	91	A	A
16	11	2	원빈	8	8	17	20	27	10	90	A	A
16	11	2	이한결	8	8	17	20	27	10	90	A	A
16	11	2	박하선	9	10	17	20	24	10	90	A	A
16	11	2	신주원	10	9	19	19	23	10	90	A	B+
22	15	2	정경호	9	10	17	18	25	10	89	B+	B+
22	15	2	박중훈	8	9	20	20	24	8	89	B+	B+
25	17	2	송혜교	8	8	18	17	26	10	87	B+	B+

…일부 데이터는 생략

학점표	
0	F
65	D
70	C
75	C+
80	B
85	B+
90	A
95	A+

배점	
중간고사	20%
기말고사	20%
레포트1	10%
레포트2	10%
발표점수	30%
출석	10%

발표점수 기준표		
기준	점수	학점
2학년 채점표	27	A+
	24	A
	21	B+
	18	B
	15	C+
	12	C
	9	D
	0	F

발표점수 기준표		
기준	점수	학점
3,4학년 채점표	27	A+
	25	A
	23	B+
	21	B
	19	C+
	17	C
	15	D
	0	F

그림 19 학생들이 작성한 성적 구하기의 샘플예제

자, 아래와 같은 5학년 6반 중간고사 성적표가 있다. 역시 서식은 전혀 적용하지 않았고, 번호, 이름, 국어, 영어, 수학 성적이 입력되어 있다. 10명의 학생들로 국어, 영어, 수학점수를 이용하여 총점, 평균, 석차를 구해보려고 한다. 이미 이야기하였지만 한 명만 제대로 구하면 열 명이나 천 명, 만 명도 눈 깜짝할 사이에 구할 수 있다. 한 명을 제외한 나머지 학생들은 모두 복사하기를 하면 된다. 엑셀을 공부할 때 "성적 구하기"만큼 좋은 예제가 없다고 생각한다. 모두들 선생님이 되는 상상도 기쁘지 아니한가? 선생님이 되지 않더라도 기업에서는 늘 인사고과 등으로 직원을 평가하고 있다.

우선 총점을 먼저 구해보도록 하자. 이미 앞에서 "=sum()" 함수를 통해 합계를 구

하는 방법을 알아보았다. 합계를 구할 때 이렇게 하면 매우 편리하다. 아래의 그림
처럼 먼저 국어, 영어, 수학의 점수와 계산결과인 총점영역까지 블록을 친다. 그리
고 자동합계를 클릭하면 총점계산이 벌써 끝나버린다. 쉽게 상상이 된다.

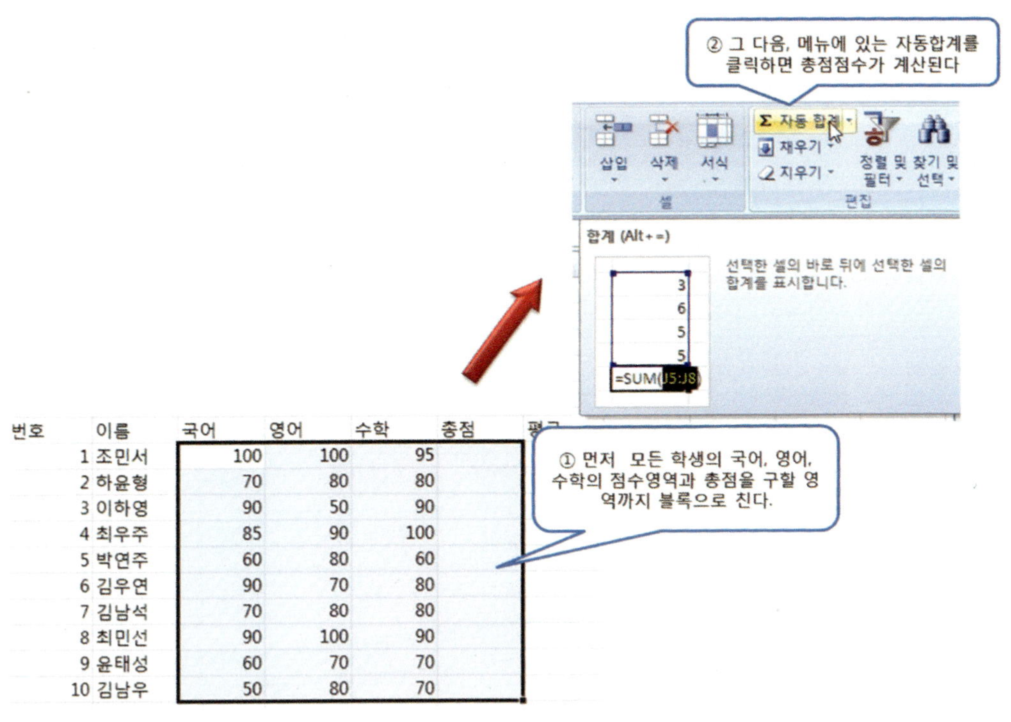

번호	이름	국어	영어	수학	총점	평균
1	조민서	100	100	95		
2	하윤형	70	80	80		
3	이하영	90	50	90		
4	최우주	85	90	100		
5	박연주	60	80	60		
6	김우연	90	70	80		
7	김남석	70	80	80		
8	최민선	90	100	90		
9	윤태성	60	70	70		
10	김남우	50	80	70		

그림 20 자동합계를 이용하여 총점 구하기

<그림 21>에는 자동합계를 이용하여 총점을 구한 화면이다. 조민서 학생의 총점
영역인 셀 F4를 클릭해보면, 수식입력줄에 "=sum(C4:E4)"가 입력되어 있는 것을 확
인할 수 있다. 나머지 학생들도 모두 동일하게 자신의 점수영역(국어, 영어, 수학 점
수)를 참조하여 합계를 도출하였다. 물론 다음에 구할 평균처럼 한 명의 학생을 먼
저 구하고, 나머지 학생들의 평균을 복사해도 된다. 그럼 이제는 평균을 구해보도록
하자.

	A	B	C	D	E	F
1	5학년 6반 중간고사 성적표					
2						
3	번호	이름	국어	영어	수학	총점
4	1	조민서	100	100	95	295
5	2	하윤형	70	80	80	230
6	3	이하영	90	50	90	230
7	4	최우주	85	90	100	275
8	5	박연주	60	80	60	200
9	6	김우연	90	70	80	240
10	7	김남석	70	80	80	230
11	8	최민선	90	100	90	280
12	9	윤태성	60	70	70	200
13	10	김남우	50	80	70	200

그림 21 총점이 계산된 모습

합계를 구하면 꼭 평균을 알고 싶다. 평균함수의 적용

자, 이제 평균을 구할 차례이다. 평균도 합계와 구하는 원리는 같지만, 합계처럼 블록을 먼저 치고 일괄적으로 구할 수는 없다. 왜일까? <그림 22>를 보면 평균의 계산 결과가 잘못되었다는 것을 알 수 있다. 눈으로 보아도 국어, 영어, 수학의 3개 과목 평균이 100점을 넘고 있다. 한 과목이 100점 만점이니까 3개 과목의 평균이 절대 100점을 넘을 수 없다. 무언가 계산이 잘못되었다는 것이다. 이렇게 된 이유는 평균을 구할 때, 총점 점수까지 포함되어 평균이 계산되었기 때문이다. 이런 실수를 하게 된 이유는 블록의 의미를 잘못 이해하고 있다는 것이다. 합계를 구할 때, 먼저 블록을 치고 계산한 이유는 총점이 국어, 영어, 수학점수 바로 옆에 있기 때문에 하나의 블록으로 설정할 수 있었다. 그런데 평균은 총점을 제외해야 하므로 하나의 블록이 만들어질 수 없다. 그래서 이때 평균을 구할 때는 먼저 블록을 치지 않고 계산해야 한다. 잘못된 계산방법을 상세히 설명하는 이유는 자주 실수하는 부분이기 때문이다.

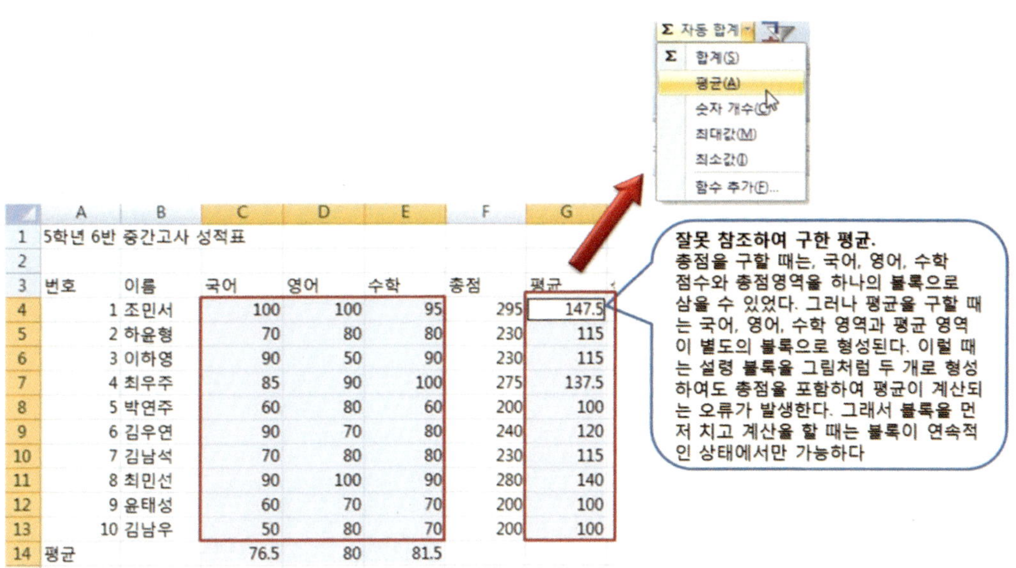

그림 22 총점까지 포함하여 잘못된 평균을 구하는 모습. 쉽게 실수하는 부분이다.

<그림 23>을 살펴보자. 먼저 마우스 포인트를 셀 G4에 두고 조민서 학생의 평균 점수를 구해보자. <그림 22>에서 볼 수 있는 것처럼 "자동합계" 메뉴에서 평균을 선택하면 <그림 23>처럼 계산을 구할 참조영역이 자동으로 표시된다. 네온사인 표시가 깜박깜박거리는 것을 확인할 수 있다. 그런데 참조영역이 총점까지 포함되어 있다. 그래서 그냥 "Enter"를 누르면 절대 안 된다. 참조영역을 마우스로 재드래그해보자. <그림 24>는 <그림 23>의 연속화면으로 마우스로 계산영역을 재설정하고 있는 모습이다. 평균 함수는 "=average()"라고 입력하면 된다.

	A	B	C	D	E	F	G	H	I
1	5학년 6반 중간고사 성적표								
2									
3	번호	이름	국어	영어	수학	총점	평균	석차	
4	1	조민서	100	100	95	295	=AVERAGE(C4:F4)		
5	2	하윤형	70	80	80	230	AVERAGE(number1, [number2], ...)		
6	3	이찬영	90	50	90	230			

그림 23 자동평균을 이용하여 구할 때 참조영역이 설정되는 모습. 역시 총점까지 포함하여 참조영역이 설정된다. 그러므로 참조영역을 마우스로 재설정해주면 된다.

	A	B	C	D	E	F	G	H
1	5학년 6반 중간고사 성적표							
2								
3	번호	이름	국어	영어	수학	총점	평균	석차
4	1	조민서	100	100	95	295	=AVERAGE(C4:E4)	
5	2	하윤형	70	80	80	230	AVERAGE(number1, [	

그림 24 〈그림 23〉의 연속화면. 평균은 "=average(c4:e4)"함수를 사용하여 구한다. 참조영역이 올바르게 설정되었는지 잘 확인하자. 참조영역을 설정할 때, 마우스 포인트 모양이 뚱뚱한 십자가가 되어야 블록이 형성된다.

　중학생 이상의 학생들은 웬만해서는 셀 G4에 마우스를 두고 그냥 "=average("까지 입력하라고 한다. 왜냐하면 영어 공부도 할 겸, 타이핑 연습도 할 겸, 이렇게 연습을 하는 것이 좋다. 참조영역만 마우스로 드래그해주고, 나머지는 직접 타이핑하는 것이다. <그림 25>는 셀 G4의 평균점수를 구한 후, 나머지 학생들의 평균값을 "연속 복사하기"를 이용하여 구하는 모습이다. "연속 복사하기"를 할 때 마우스 포인트 모양이 어떤 십자가 모양인지 잘 확인하도록 하자.

	A	B	C	D	E	F	G
1	5학년 6반 중간고사 성적표						
2							
3	번호	이름	국어	영어	수학	총점	평균
4	1	조민서	100	100	95	295	98.33333
5	2	하윤형	70	80	80	230	
6	3	이하영	90	50	90	230	
7	4	최우주	85	90	100	275	
8	5	박연주	60	80	60	200	
9	6	김우연	90	70	80	240	
10	7	김남석	70	80	80	230	
11	8	최민선	90	100	90	280	
12	9	윤태성	60	70	70	200	
13	10	김남우	50	80	70	200	
14	평균						

G4 셀의 평균을 구한 다음, 나머지 학생들의 평균은 복사하기를 하면 된다. 여기서는 연속되는 값을 구하면 되므로 연속 복사하기를 하였다. 마우스의 포인트 모양을 잘 보라. 홀쭉한 십자가 모양이다. G4셀의 사각형 점(98.33333)에서 드래그해야 연속 복사하기가 된다.

그림 25 연속 복사하기를 이용하여 나머지 학생들의 평균을 구하는 모습. 마우스 포인트의 모양(홀쭉한 십자가)을 잘 확인해서 드래그해야 한다. 〈그림 24〉에서의 마우스 포인트 모양과 비교해보도록 하자. 블록을 칠 때는 뚱뚱한 십자가, 복사를 할 때는 홀쭉한 십자가이다 (이제는 이 말도 슬슬 지겨울 때가 되었다).

모든 학생들의 평균값을 구하였고, 이제는 국어, 영어, 수학과목의 평균값을 구해주자. <그림 26>과 같으며, 구하는 요령은 모두 동일하다. 그런데 <그림 26>을 보면 학생들의 평균 값이 매우 복잡해 보인다. 소수점 자릿수가 길게 늘어져 있기 때문이다. 기왕이면 소수점 자릿수를 하나로 통일하면 보기가 좋다. <그림 27>을 보면, "자릿수 줄임" 메뉴를 이용하여 평균값을 모두 소수점 첫째 자리로 통일한 모습이다. 한결 깔끔해진 것을 확인할 수 있다.

Σ 자동 합계
Σ 합계(S)
평균(A)
숫자 개수(C)
최대값(M)
최소값(I)
함수 추가(F)...

	A	B	C	D	E	F	G
1	5학년 6반 중간고사 성적표						
2							
3	번호	이름	국어	영어	수학	총점	평균
4	1	조민서	100	100	95	295	98.33333
5	2	하윤형	70	80	80	230	76.66667
6	3	이하영	90	50	90	230	76.66667
7	4	최우주	85	90	100	275	91.66667
8	5	박연주	60	80	60	200	66.66667
9	6	김우연	90	70	80	240	80
10	7	김남석	70	80	80	230	76.66667
11	8	최민선	90	100	90	280	93.33333
12	9	윤태성	60	70	70	200	66.66667
13	10	김남우	50	80	70	200	66.66667
14	평균		=AVERAGE(C4:C13)				
15			AVERAGE(number1, [number2], ...)				

그림 26 이번에는 국어, 영어, 수학 점수의 평균을 구하는 모습. 역시 국어(셀 C14)의 평균을 구한 다음, 영어와 수학은 "연속 복사하기"를 통해 구해준다.

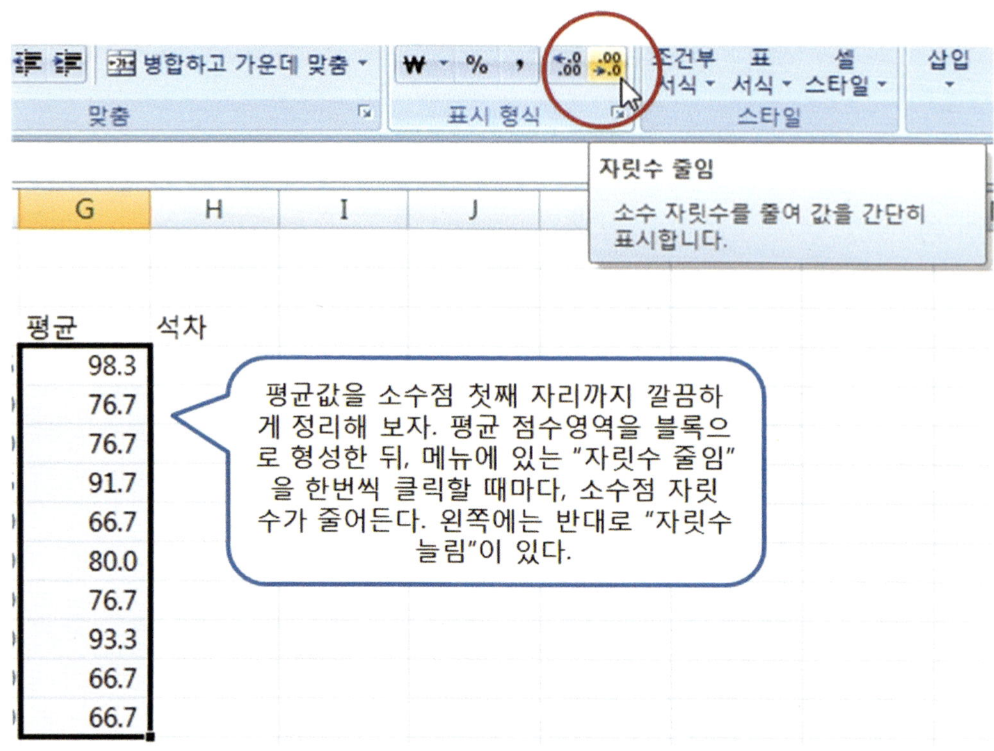

그림 27 소수점 자리를 줄이거나 늘리고 싶을 때는 해당 영역을 블록으로 친 다음, 메뉴에 있는 "자릿수 줄임" 또는 "자릿수 늘림" 버튼을 원하는 만큼 클릭하면 된다.

절대반지가 아닌 "절대참조" 이해하기

<반지의 제왕>이라는 영화가 있었다. 모두들 기억하고 있을 것이다. 나도 참 재미나게 본 영화이다. 이 영화에는 절대반지라는 것이 나오는데, 이 절대반지를 소유하게 되면 모든 반지를 지배하여 암흑세계를 지배할 수가 있단다. 다시 말해 엄청난 능력을 소유할 수가 있게 된다. 이 절대반지의 능력처럼 엑셀의 절대능력을 향상시키기 위해서는 "절대참조"라는 녀석을 이해해야 한다. 이미 여러분은 "참조하여 복사하라"를 뚜렷하게 기억하고 있을 것이다. 그런데 갑자기 참조는 참조인데, 절대참조는 무엇일까? 사실 지금까지

우리가 배운 참조는 "상대참조"라고 한다. 이미 Chpater 2에서 암기할 필요가 없다고 언급한 적이 있다. 맞다. 암기할 필요는 없다. 이해만 하고 있으면 된다. 그럼 절대참조가 무엇인지 아래 그림을 통해 잠깐 살펴보고, 석차를 구해보도록 하자. 석차 함수인 "=rank()"를 사용하려면 이 절대참조와 상대참조를 구분할 줄 알아야 한다.

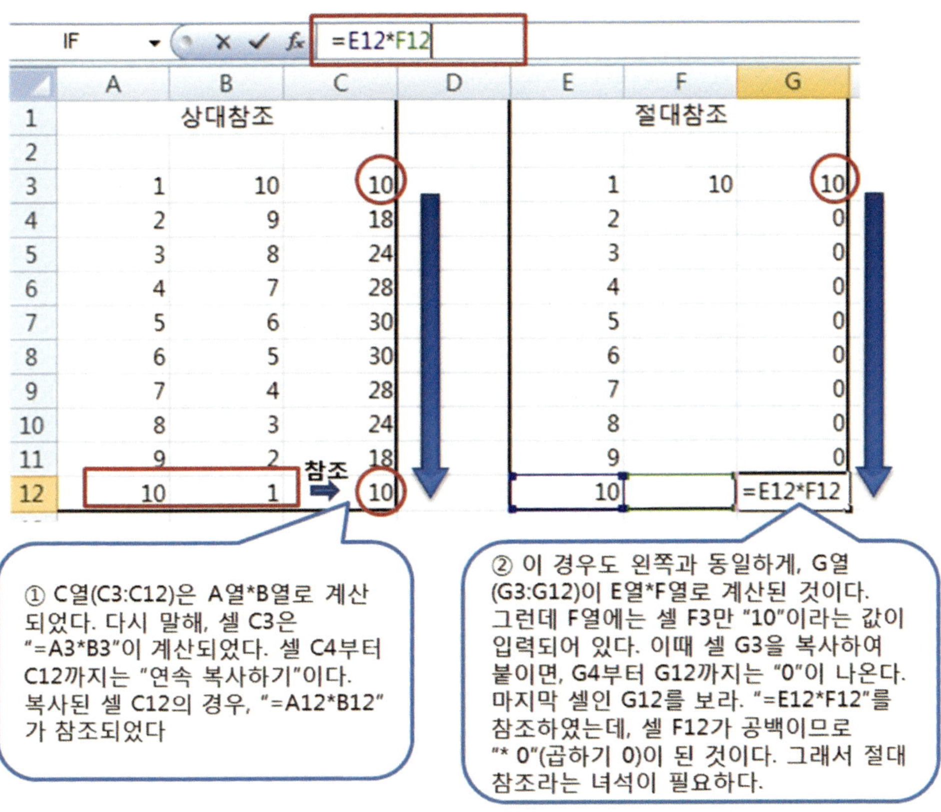

그림 28 상대참조와 절대참조의 구분. 상대참조는 기본적으로 복사하여 붙이기를 할 때, 수식계산의 참조영역이 Ctrl+v 위치에 따라 변화한다. 그러나 절대참조는 절대영역이라는 의미로 오로지 지정된 셀만 참조된다. 셀 F3이 그러한 경우가 된다.

<그림 28>은 상대참조와 절대참조를 비교하여 설명한 그림이다. 왼쪽 그림을 우선 보도록 하자. 셀 C3에 "=A3*B3"을 참조하여 계산되었다. 그리고 셀 C3을 복사하여 C4부터 C12까지 연속 복사하기를 하였다. 그러니까 셀 C4는 "=A4*B4"가 참조되고, 셀 C5는 "=A5*B5", 이런 식으로 마지막 셀인 셀 C12는 "=A12*B12"가 참조되는

것이다. 다시 말해, 상대참조는 Ctrl+c를 하면 수식의 위치를 복사하였다가 Ctrl+v의
위치에 따라 수식의 위치가 하나씩 이동하면서 참조된다. 다음으로 오른쪽 그림을
보자. 절대참조 설명을 위해 잘못된 상대참조를 보여주는 화면이다. 왼쪽 그림과 모
두 동일하지만 F열에는 셀 F3에만 "10"이라는 값이 입력되어 있다. 이 경우 동일하
게 셀 G3을 복사하여 G4부터 G12까지 연속 복사하기를 하면 계산 결과가 모두 "0"
이 도출된다. 왜일까? 그렇다. 셀 G4는 "=E4*F4"가 참조된다. 그런데 셀 F4가 공백
이다. 공백은 "0"으로 인식되어 곱하기 "0"을 한 것과 같다. "0"(영)을 곱하면 당연
히 "0"이 된다. 셀 G12까지 모두 그렇게 계산되었다. 그래서 절대참조라는 녀석이
꼭 필요하다. 절대참조는 오직 지정된 셀만 참조하라는 뜻이다.
　<그림 29>를 살펴보자.

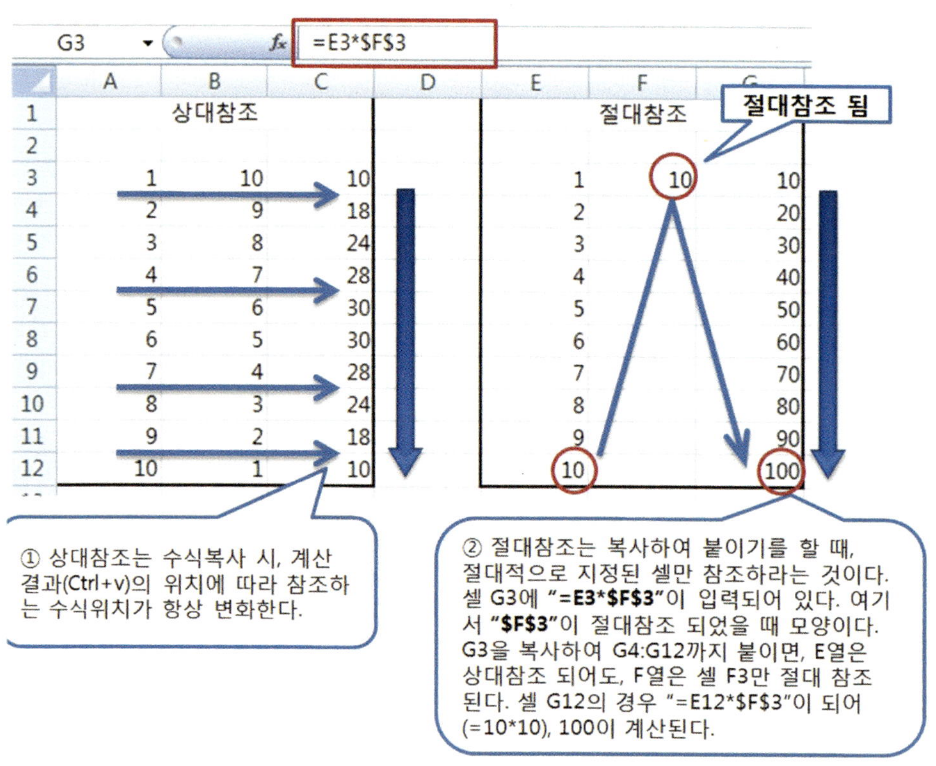

그림 29 절대참조를 지정할 때는 마우스로 셀을 클릭(참조)한 후, "F4"를 누르면 된다.
셀G3에 "=E3*F3"을 입력하고 바로 F4를 눌러보자. 그러면 "=E3*$F$3"으로
변경된다. 이것이 절대참조이다.

오른쪽 화면에 제대로 구한 절대참조가 보인다. 셀 G3에는 "=E3*$F$3"이라고 입력되어 있다. 절대참조는 "$F$3" 이렇게 표시된다. "$"기호로 앞뒤를 감싸고 있다. 돈으로 매수(?)해서 이 셀만 참조하라는 의미이다. 그럼 "$" 기호를 어떻게 입력해야 할까? 일일이 "$" 기호를 앞뒤로 입력할 필요는 없다. 단지 키보드에서 "F4"만 눌러주면 된다.

정리해보자. 셀 G3에 "=E3*F3"이라고 입력(참조)한 뒤, 곧바로 F4를 눌러보자 ("F4"는 키보드에 있다). 그럼 "=E3*$F$3"이라고 변경될 것이다. 참고로 F4를 한 번 누를 때마다 "$"의 위치가 달라질 것이다. "=E3*F3"의 상태에서 F4를 한 번 누르면 "=E3*$F$3"(절대참조)가 되고, 또 한 번 누르면 "=E3*F$3"(혼합참조라고 한다)가 되고, 다시 또 누르면 "=E3*$F3"(역시 혼합참조이다)가 되었다가, 또 누르면 "=E3*F3"(상대참조)으로 돌아온다. F4를 누를 때마다 "$"가 계속 변화된다. 혼합참조는 설명을 생략하겠다. 우선은 상대참조와 절대참조만 잘 이해하도록 하자. 이 정도만 이해하고 있어도 엑셀의 절대 능력을 보유할 수 있다. 앞으로 배우게 될 중요한 함수에서 모두 적용되는 개념이다.

설명이 길어졌지만, 한 번만 해보면 금세 이해가 된다. 벌써 이해가 되었다면 역시 대단하다.

절대참조를 이용하여 석차 구하기

자, 이제 석차를 구할 차례이다. 앞에서 살펴 본 절대참조의 개념을 실전에서 적용해보도록 하자. 석차함수(순위함수)는 "=rank()"이다. <그림 30>에서 석차함수가 적용된 것을 확인할 수 있다. 셀 H4에 "=rank(G4,$G$4:$G$13)"이라고 입력되어 있다. 복잡하게 보이는가? 그렇지 않다. 우리는 상대참조와 절대참조 개념을 이해하고 있으니 쉽게 이해할 수 있다.

H4   =RANK(G4,$G$4:$G$13)

	A	B	C	D	E	F	G	H
1	5학년 6반 중간고사 성적표							
2								
3	번호	이름	국어	영어	수학	총점	평균	석차
4	1	조민서	100	100	95	295	98.3	1
5	2	하윤형	70	80	80	230	76.7	
6	3	이하영	90	50	90	230	76.7	
7	4	최우주	85	90	100	275	91.7	
8	5	박연주	60	80	60	200	66.7	
9	6	김우연	90	70	80	240	80.0	
10	7	김남석	70	80	80	230	76.7	
11	8	최민선	90	100	90	280	93.3	
12	9	윤태성	60	70	70	200	66.7	
13	10	김남우	50	80	70	200	66.7	
14	평균		76.5	80	81.5			

그림 30 순위함수("=rank()")를 구한다. 순위함수는 "나의 점수가 전체 학생 점수에서 몇 등이니"라는 개념이다. 이때 나의 점수 영역은 상대참조, 전체 학생 점수 영역은 절대참조가 되어야 한다

석차함수의 구조는 간단하게 아래와 같다.

=RANK(number, ref)

괄호 안에 들어갈 첫 참조(number)는 나의 성적 점수라는 뜻이다. 우리는 첫 번째 학생인 조민서의 석차를 구하고 있다. 그러므로 조민서 학생의 평균 점수(셀 G4)가 첫 번째 참조(number)가 된다. 다음으로 두 번째 참조(ref)는 전체 학생의 평균점수 영역(G4:G13)이 된다. 이때 전체 학생의 평균점수 영역에서 반드시 나의 점수까지 포함되어야 한다. 결국 RANK함수에 들어갈 참조의 의미는 "나의 점수가 전체 학생

점수에서 몇 등이니?"가 된다. 이 문장의 의미가 곧 순위함수를 뜻한다. 그런데 두 번째 참조(ref)를 살펴보면 G4:G13이 절대참조되었다. 마우스로 G4부터 G13까지 드 래그한 후, 곧바로 "F4"를 누르면 "$G$4:$G$13"으로 변화된다. 그런데 왜 이 부분만 절대참조가 되어야 할까? 자, 한번 상상해보자. 엑셀에서 계산은 오로지 한 녀석만 구하면 된다. 나머지는 모두 복사하면 되니까. 그럼 복사한다고 생각해보자. "나의 점수가 전체 학생 점수에서 몇 등이니"를 물어볼 때, 나의 점수는 변화해야 한다. <그림 30>에서 조민서 다음으로 하윤형이다. 하윤형 석차를 구할 때, "나의 점수"는 하윤형의 평균점수가 되어야 한다. 그러므로 상대참조되는 것이 맞다. 그런데 전체 학생 점수의 참조는 변화되면 절대 안 된다. 만약 절대참조하지 않으면 어떻게 될 까? 그래서 <그림 31>을 준비했다. 전체 학생 점수 영역을 절대참조하지 않을 경우, 셀 H13(마지막 학생인 김남우의 석차)을 클릭해보면 두 번째 참조영역이 잘못되었 다는 것을 확인할 수 있다. 내 점수는 맞지만, 전체 학생 영역도 따라 내려와 버렸 다. 그래서 김남우 학생의 경우에는 나의 점수가 전체 학생 점수 영역에서 등수를 구하는 것이 아니라, 나의 점수 영역만 참조하여 등수를 계산하였다. 그러니 당연히 1등이다. 이건 마치 대회에 혼자 출전해서 1등이 된 셈이다.

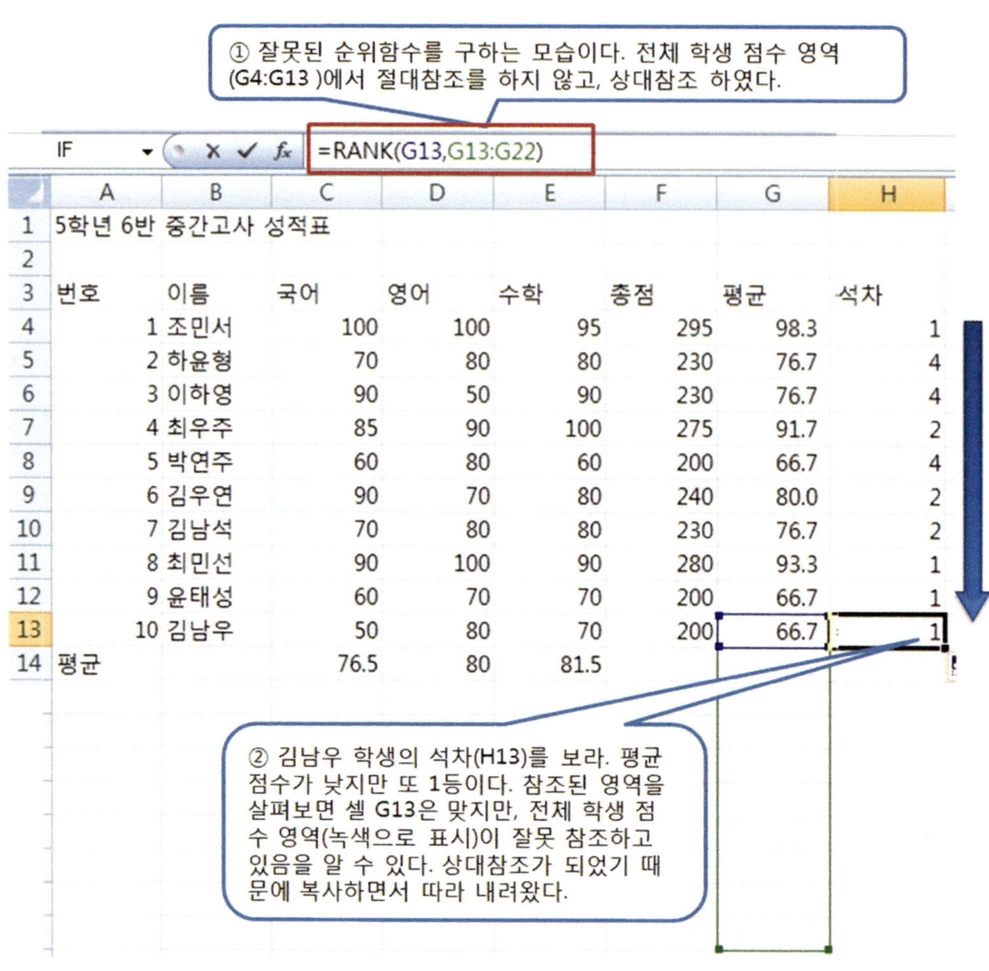

그림 31 잘못된 순위함수를 구한 모습. 전체 학생 점수 영역에서 절대참조되지 않고, 상대참조가 되었다.

원하는 걸 찾고 싶어요. vlookup함수 구하기

지금까지 우리는 sum함수, average함수, rank함수를 알아보았다. 다음으로 lookup함수를 알아볼 차례이다. 정말 활용도가 높은 함수임에도 불구하고, if함수에 가려 큰 빛을 보지 못한 녀석이다. lookup함수는 검색을 할 수 있는 함수로서, 찾기/참조 영역의 함수로 분류된다. 조금 복잡하게 보이는 함수이지만, 꼭 익혀두어야 하는 함수이

오피스
스프레드시트
엑셀
Excel
엑셀책
엑셀함수
엑셀사이트
엑셀강좌
엑셀자격증

다. lookup함수는 vlookup과 hlookup함수로 구분되는데, 두 개의 함수는 동일하게 사용된다. 단지 검색을 수행할 때, 위에서 아래로 찾으면 vlookup(Vertical Lookup으로 수직검색을 말함)이고, 왼쪽에서 오른쪽으로 검색하면 hlookup(Horizontal Lookup으로 수평검색을 말함)이 된다. 무엇을 어떻게 검색한다는 것일까? vlookup 함수를 통해 자세히 살펴보자. 우선 "=vlookup()" 함수를 쓰기 위해서는 검색기준을 만들어주어야 한다. 이게 무슨 말일까? 만약 여러분이 인터넷 검색창에서 "엑셀"에 대한 정보를 검색한다고 생각해보자. "엑셀"이라는 키워드의 검색결과를 도출하기 위해서는 데이터베이스라는 공간에 엑셀과 관련된 정보가 테이블 형식으로 정리되어 있어야 한다. 예를 들어 옆 그림과 같다. 이렇게 정리된 데이터베이스(테이블)에서 검색키워드인 "엑셀"이 존재하는지를 위에서 아래로 검색하게 된다.

그럼 성적 구하기 예제로 돌아가 보자. 예를 들어 조민서 학생의 평균성적이 98.3이다. 그럼 98.3점에 해당하는 학점은 어떻게 될까? "A+" 또는 "수" 등으로 학점이 도출될 것이다. 여기서 "98.3"은 찾고자 하는 값(검색키워드)이 되고 "A+"은 검색결과가 된다. 검색기준이란, 이렇게 검색키워드에 맞는 검색결과를 사용자가 정의해 놓은 참조영역을 말한다. 앞서 말한 데이터베이스의 역할이다. 성적 구하기 예제에서는 아래와 같은 [학점등급표] 검색기준을 만들어보았다. 그런데 검색기준표를 만들 때 반드시 주의할 점이 있다. lookup함수에서 빈번히 실수하는 부분인데, 기준표를 반드시 오름차순으로 만들어야 한다는 것이다. 쉽게 말해, 낮은 점수부터 높은 점수순으로 정렬해야 한다. 또 한 가지 실수하는 부분은 검색조건과 검색결과의 순서(배열되는 위치)가 바뀌어서는 안 된다. <그림 32>는 올바른 검색기준과 잘못된 검색기준을 보여주고 있다.

우리는 이와 같은 검색을 "비슷한 값 찾기" 또는 "유사 검색"이라고 부른다. 왜냐하면 찾고자 하는 값이 98.3이라면 이 값과 정확히 일치하는 검색결과를 도출하는 것이 아니라 95 이상에 해당되는 검색결과를 찾기 때문이다. <그림 32>에서 80은 "B"이지만, 81은 검색기준표에 없다. 그러나 "비슷한 값 찾기"를 통해 81도 "B"라는

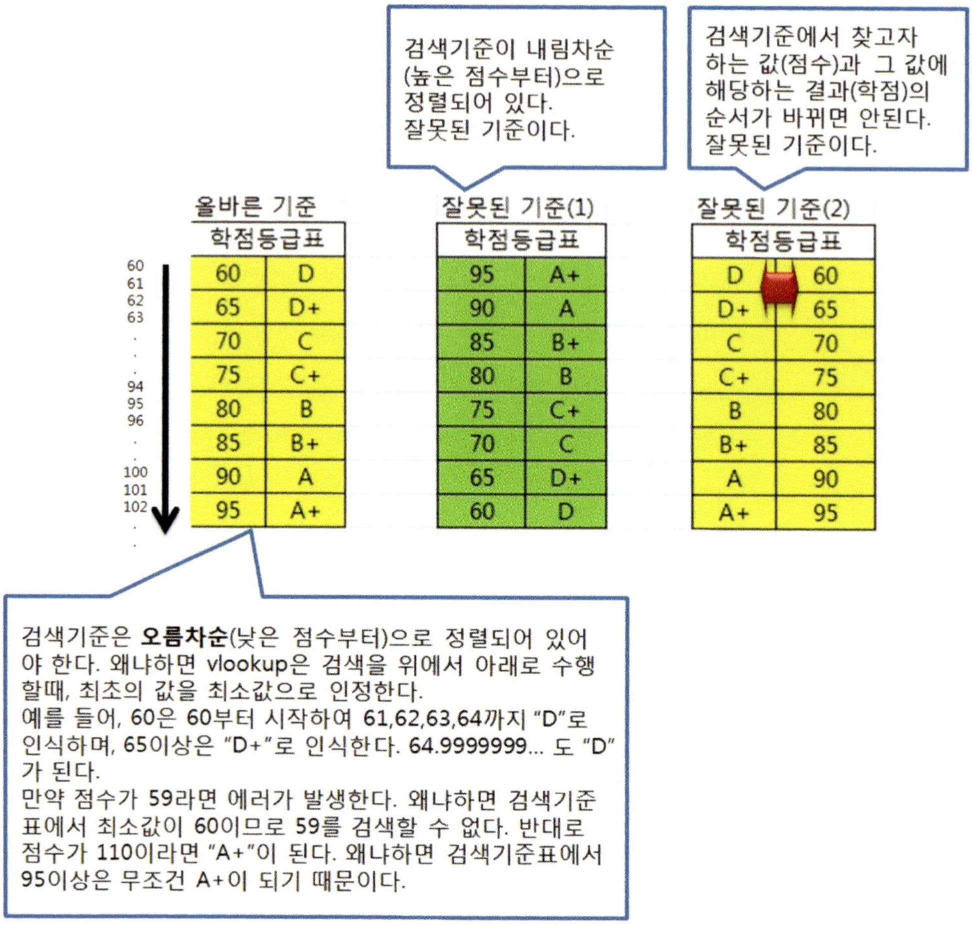

그림 32 vlookup함수를 위한 검색기준표 만들기 예제. 검색기준은 내림차순으로 정렬되어 있어야 한다.

검색결과를 도출할 수 있다. vlookup함수는 이렇게 "비슷한 값 찾기"와 "정확한 값 찾기"의 두 가지 검색을 모두 지원한다. "정확한 값 찾기"란 인터넷 검색과 같이 검색키워드와 정확히 일치하는 검색결과를 도출하고자 할 때 사용된다.

이제 검색기준표를 엑셀에다 만들었다면, vlookup함수를 통해 검색을 수행해보자.

빈 셀에 "=vlookup"을 입력하면 아래와 같은 설명이 보인다. vlookup을 구하기 위해서는 아래와 같이 4개의 값을 입력해야 한다. 이것을 설명하기 위해 우선 <그림 33>을 보도록 하자.

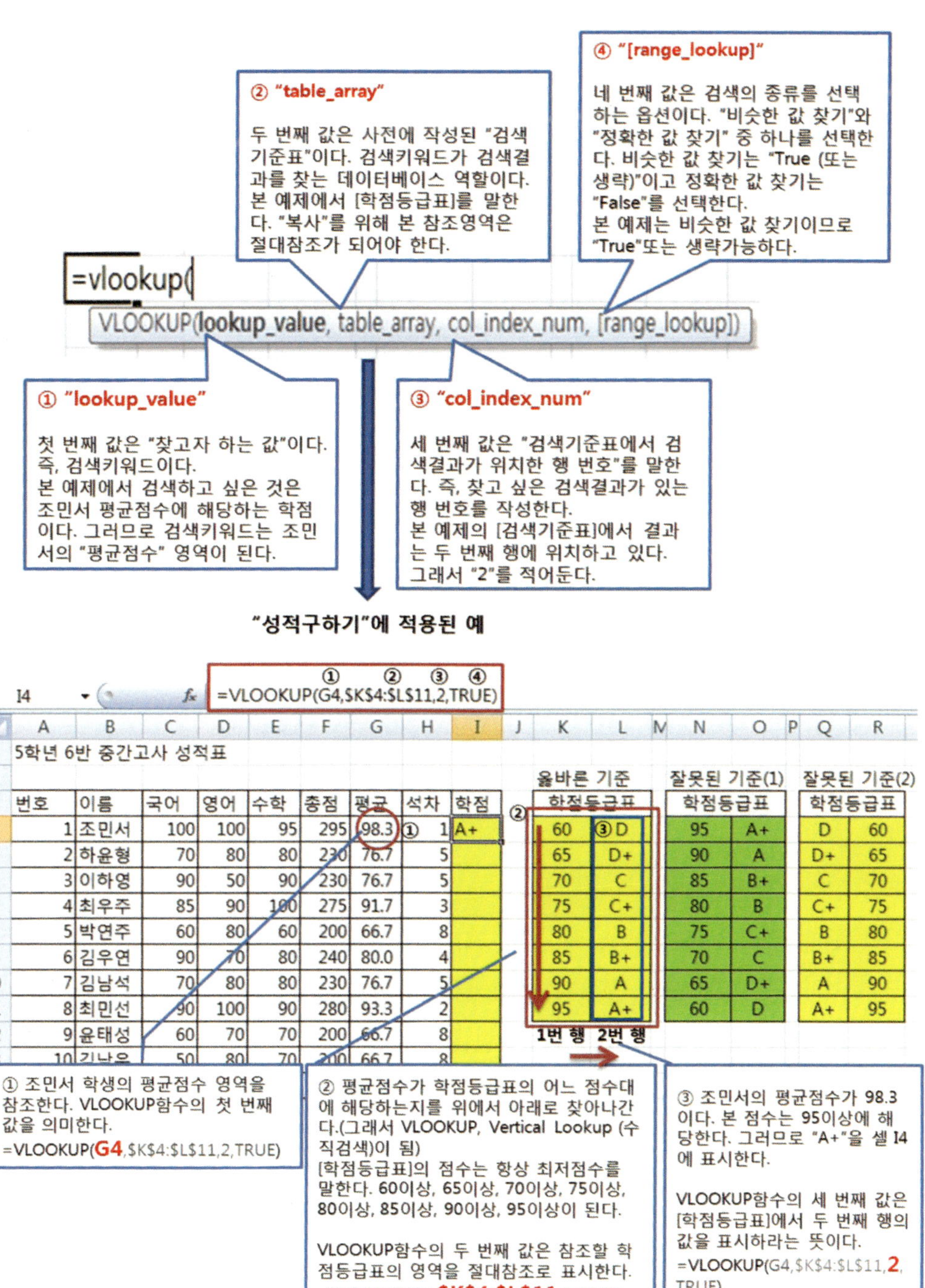

그림 33 vlookup함수를 통해 학점 구하기. vlookup함수는 학생의 평균점수가 제시된 [학점등급표]에서 어디에 해당하는지를 찾아서(lookup) 학점을 표시해준다.

vlookup함수가 이전의 함수들과 비교하여 매우 어렵게 느껴질 것 같다. 사실 처음에 접하면 그렇다. 그러나 vlookup함수의 중요도와 활용도를 생각해볼 때, 절대 그냥 넘어갈 수 없는 함수이다. 성적 구하기 예제를 통해 vlookup함수를 다시 한 번 정리해보자.

첫째, vlookup함수는 검색을 위한 함수이다. 검색은 크게 두 가지로 구분된다. 하나는 "비슷한 값 찾기"이고 또 하나는 "정확한 값 찾기"이다. 이는 vlookup함수에서 네 번째 값으로 결정된다. "True" 또는 생략되었을 때, "비슷한 값 찾기"가 되고, "False"가 되면, "정확한 값 찾기"이다. 성적표 구하기 예제에서는 학생들의 평균점수가 어떤 학점을 받아야 하는지 검색해서 알려준다. 본 예제에서 95점 이상은 "A+"가 되므로 "비슷한 값 찾기"이다. 설령 점수가 150점이 되어도 "A+"가 된다.

둘째, vlookup함수를 쓰기 위해서는 먼저 여러분이 직접 검색조건표를 만들어놓아야 한다. 일종의 색인표이다. "비슷한 값 찾기"를 할 경우에는 검색조건표를 작성할 때 반드시 오름차순(낮은 점수부터)으로 정렬되어야 한다. 반대로 내림차순(높은 점수부터)으로 정렬되면 검색되지 않는다. 또한 검색조건이 우선 첫 번째 행에 정리되고, 검색결과의 순서가 다음 행에 정리되어야 한다. 또한 검색조건표는 절대참조가 됨을 주의해야 한다. 성적표 구하기 예제에서는 이렇게 정리되었다. "=vlookup(G4,$K$4:$L$11,2,TRUE)" 이때 두 번째 값이 검색조건표가 작성된 영역을 절대참조한 것이다. 세 번째 값인 "2"는 두 번째 행을 검색결과로 보여주겠다는 의미이다. 네 번째 값인 "True"는 본 검색이 "비슷한 값 찾기"라는 것을 보여주고 있다. vlookup함수는 검색조건표만 이해하면 어렵지 않다. vlookup함수는 if함수와 비교하여 다시 한 번 설명하도록 하겠다.

 이보다 쉬울 수 없는 1%의 엑셀 핵심원리

"잘했어요"와 "노력해요"의 이분법, if함수 구하기

if함수는 논리함수이다. 앞서 살펴본 vlookup함수가 95점일 경우, 어느 학점에 해당하는지를 알려주는 함수라고 하였는데, 사실 if함수도 이와 비슷하다. vlookup함수를 if함수로 풀어본다면 다음과 같다. 95점일 경우(조건), "A+"라고 표시하고(TRUE값), 그렇지 않으면 "F"이다(FALSE값)로 표현할 수 있다. 다시 말해 if함수는 조건을 제시하고, 이 조건에 맞으면 참값(TRUE), 조건에 맞지 않으면 거짓값(FALSE)을 판정해줄 수 있는 함수이다.

그럼 if함수를 <그림 34>를 통해 간단히 살펴보도록 하자.

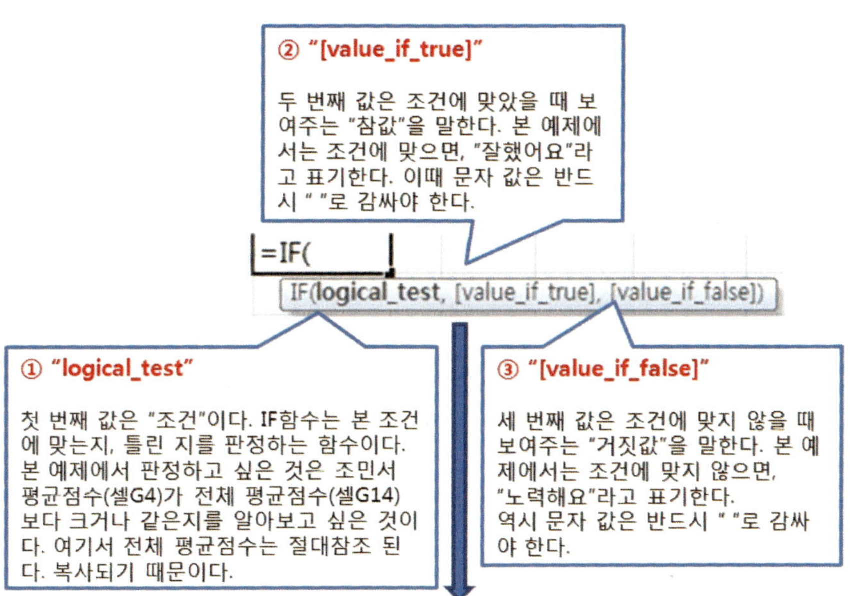

"성적구하기"에 적용된 예

IF   × ✓ *fx*   ①   ②   ③
=IF(G4>=$G$14,"잘했어요","노력해요")

	A	B	C	D	E	F	G	H
1	5학년 6반 중간고사 성적표							
2								
3	번호	이름	국어	영어	수학	총점	평균	평가
4	1	조민서	100	100	95	295	98.3	=IF(G4>=$G$14
5	2	하윤형	70	80	80	230	76.7	노력해요
6	3	이하영	90	50	90	230	76.7	노력해요
7	4	최우주	85	90	100	275	91.7	잘했어요
8	5	박연주	60	80	60	200	66.7	노력해요
9	6	김우연	90	70	80	240	80.0	잘했어요
10	7	김남석	70	80	80	230	76.7	노력해요
11	8	최민선	90	100	90	280	93.3	잘했어요
12	9	윤태성	60	70	70	200	66.7	노력해요
13	10	김남우	50	80	70	200	66.7	노력해요

전체평균   ① 79.3

① 조민서 학생의 평균점수가 전체 평균 점수보다 크거나 같은지를 알아본다. "크거나 같다"가 사용된 기호를 잘 살펴보라.

=IF(**G4>=$G$14**,"잘했어요","노력해요")

그림 34 if함수를 통해 평가하기. IF함수는 조건을 제시한 후, 본 조건에 맞으면 참값, 그렇지 않으면 거짓값을 표시해주는 함수이다.

if함수는 매우 간단하다. 그런데 더 많은 판정을 해줄 수 없을까? 예를 들어, "잘했어요"와 "노력해요" 이외에도 "매우 잘했어요", "보통이예요" 등 다양하게 표현할 수 없을까? 물론 가능하다. 이것을 우리는 중첩 if라고 한다. 그런데 나는 간단할 경우에만 if함수를 쓰라고 조언한다. 중첩 if를 쓰더라도 if를 2개까지만 쓰라고 이야기한다. 도대체 무슨 말일까? 우선 2개의 if함수가 사용된 중첩 if함수를 한번 살펴보자.

중첩 if함수를 통해, "잘했어요"와 "노력해요" 이외에도 "보통이예요"를 표현해보자. 이를 위한 조건은 이렇다. 학생의 평균점수가 90 이상이면 "잘했어요", 75 이상이면 "보통이예요", 75 미만이면 "노력해요"가 조건이 된다. 이를 사용한 예가 <그림 35>이다.

중첩 if함수의 예. 중첩 if는 if가 두 번이상 사용된 것을 말한다. 첫 번째
if 함수의 거짓값(Value_IF_False)에 두 번째 if 함수를 적용하면 된다.
첫 번째 if 함수의 조건은 학생의 평균점수가 90이상이면, 참값은
"잘했어요"가 된다. 그렇지 않으면(거짓값), 두 번째 if함수를 사용한다.
두 번째 if의 조건은 그럼 75이상이면, 참값은 "보통이예요" 가 되고,
그렇지 않으면 "노력해요"를 사용한다.

| IF | | | f_x | =IF(G5>=90,"잘했어요",IF(G5>=75,"보통이예요","노력해요")) |

	A	B	C	D	E	F	G	H	I
1	5학년 6반 중간고사 성적표								
2									
3	번호	이름	국어	영어	수학	총점	평균	평가	석차
4	1	조민서	100	100	95	295	98.3	잘했어요	
5	2	하윤형	70	80	80	230	76.7	=IF(G5>=90,"잘했어요",IF(G	
6	3	이하영	90	50	90	230	76.7	보통이예요	
7	4	최우주	85	90	100	275	91.7	잘했어요	
8	5	박연주	60	80	60	200	66.7	노력해요	
9	6	김우연	90	70	80	240	80.0	보통이예요	
10	7	김남석	70	80	80	230	76.7	보통이예요	
11	8	최민선	90	100	90	280	93.3	잘했어요	
12	9	윤태성	60	70	70	200	66.7	노력해요	
13	10	김남우	50	80	70	200	66.7	노력해요	

[중첩 if함수의 구주: if함수가 세 번 사용된 경우]

=if(조건식, 참값, if(조건식, 참값, if(조건식, 참값, 거짓값)))

그림 35 중첩 if함수를 사용한 예. 첫 번째 if함수의 거짓값에 두 번째 if를 사용하면 된다.

중첩 if는 앞서 사용된 if함수의 거짓값 부분에 계속해서 if함수를 사용할 수 있다.
그러므로 위 예처럼 3개의 결과값(판정)을 보여주고 싶으면 2개의 if함수를 사용하
면 되고, 4개의 결과값을 보여주고 싶다면 3개의 if함수를 중첩하여 사용하면 된다.
결국 100개의 결과값을 보여주고 싶다면? 그렇다 99개의 if를 중첩하면 된다. 그런
데 생각해보라. 나의 경험상 if 함수가 3개 이상 중첩될 경우, 식이 상당히 복잡해지
기 시작한다. 어느 날 실무에서 이런 경우를 보았다.

아래 그림을 보면 협력업체로부터 공급받는 부품 목록이다. 각 부품별 단가가 정
리되어 있는데, 이를 if함수를 통해 정리한 엑셀파일을 본 적이 있다. 날짜별로 주문
한 부품이 상이하기 때문에 어제는 A에서 D를 주문하고, 오늘은 E에서 N까지 주문

NO	부품	단가	수량
1	A	2,300	1000
2	B	4,500	200
3	C	670	500
4	D	800	600
5	E	16,200	250
6	F	1,200	100
7	G	150	80
8	H	780	97
9	I	800	80
10	J	1,000	150
11	K	16,000	60
12	L	1,500	160
13	M	280	34
14	N	970	50

하게 된다. 또는 부품별로 공급받는 협력업체가 다르기 때문에 협력업체별로 부품이 정리되기도 한다. 만약 이를 if함수로 쓴다면 총 13개의 중첩 if함수를 사용해야 한다. 사용된 중첩 if의 길이가 얼핏 보아도 3개 줄이 넘어갔다. 중첩 if를 사용한 사람이 정말 대단하다는 생각이 들었다. 그런데 단가가 바뀌기라도 하면 이 중첩 if함수를 다시 작성해야 한다. 눈치를 채셨는지 모르겠지만, if함수는 조건식을 사용자가 입력하는 부분이 많다. 다시 말해 수식작성에서 참조가 거의 이루어지지 않는다. 그래서 매번 if함수를 재수정하는 경우가 빈번히 발생한다. 위 사례의 경우, if함수보다는 vlookup함수가 훨씬 편리하게 사용할 수 있다. if함수로 할 수 있는 일은 vlookup함수가 거의 다 할 수 있다. 그런데 반대로 vlookup함수가 할 수 있는 일을 if함수도 거의 할 수 있지만, 효율성에서 비교가 될 수 없다.

사실 if함수는 단독으로 사용되는 것보다 다른 함수와 함께 사용될 때 그 진가가 발휘되는 것이다. countif함수, sumif함수가 그런 예이다.

vlookup함수와 if함수의 차이점? 복잡하면 vlookup함수가 낫다

if함수와 vlookup함수의 차이점이라면, vlookup함수는 검색조건표를 만든 후, 이 검색조건표에서 해당하는 값을 찾아주는 것이고, if함수는 이 검색조건표를 직접 조건식으로 만들어 검색한다는 것이다. 함수만을 볼 때, if함수가 vlookup함수에 비해 간단해 보인다. 그러나 검색결과로 도출할 항목이 많다면 상당히 불편할 수 있는 함수이다. 예를 들어, 성적구하기에서 등급이 총 9개(A+, A, B+, B, C+, C, D+, D, F)라면, 이를 if함수로 풀기 위해 하나의 if가 아닌 8개의 중첩 if함수를 연속적으로 표현해야 한다. 엄청난 길이이다. 아래의 비교 표를 보라.

[성적 구하기를 if함수로 작성한 경우]
=IF(G6>=95,"A+",IF(G6>=90,"A",IF(G6>=85,"B+",IF(G6>=80,"B",IF(G6>=75,"C+",IF(G6>=70,"C",IF(G6>=65,"D+",IF(G6>=60,"D","F")))))))))

[성적 구하기를 vlookup함수로 작성한 경우]
=VLOOKUP(G4,$L$4:$M$11,2,TRUE)

처음에 vlookup함수를 접했을 때, 어렵게 느껴졌을 것이고, if함수는 비교적 쉽다고 느꼈을 것이다. 그러나 "A 아니면 B"라는 이분법의 상황을 제외하고는 구하고자 하는 값이 3개 이상이 된다면, vlookup함수가 훨씬 간단하고 편리하다. 또한 vlookup함수의 좋은 점은 if함수는 조건식을 직접 입력해야 하지만, vlookup함수는 참조를 통해 함수가 작성된다는 점이다. 이는 검색조건표만 수정하면 자동으로 검색결과에 반영될 수 있다. 그러므로 두말할 필요도 없다. 조건이 3개 이상이면 vlookup함수를 사용하도록 하라.

if함수는 다른 함수와 조합될 때 그 활용가치가 높아진다. 여기에 대해서는 다음 장에서 설명하겠다. 우선 앞서 제기된 현업업무 사례를 if함수가 아닌 vlookup함수로 해결하면 다음과 같다. 아래의 예제는 vlookup함수를 이용한 "정확한 값 찾기"이다. 제품코드에 따른 대리점과 단가를 검색할 것이며, 단가가 모두 구해지면 "=수량*단가"를 통해 금액을 구하였다. 또한 본 예제에서 [제품단가 기준표]는 오름차순으로 정렬될 필요가 없다. 앞서 <그림 33>의 [성적구하기]는 "비슷한 값 찾기"였다. 그래서 검색조건표를 작성할 때, 반드시 오름차순으로 정렬되어야 한다. 그러나 아래의 예제에서는 "정확한 값 찾기"이므로 오름차순으로 검색조건표를 작성할 필요가 없는 것이다.

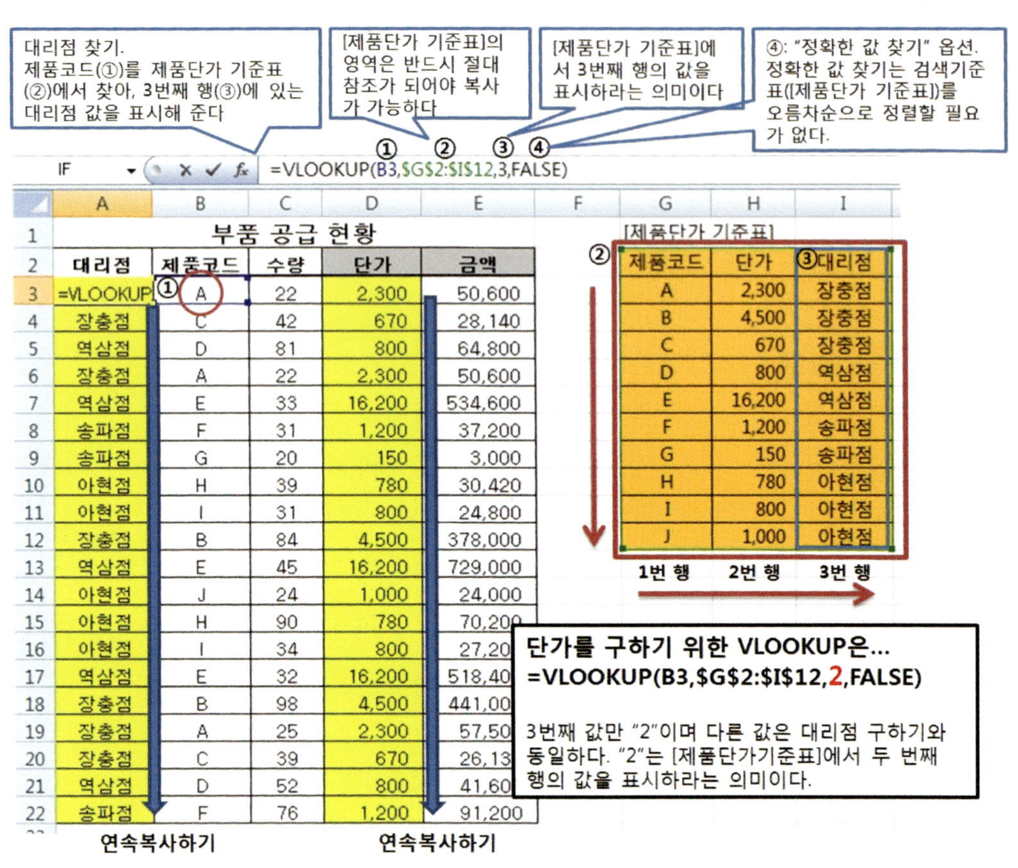

그림 36 vlookup함수를 통해 "정확한 값 찾기"의 예제. 제품코드를 이용하여 [제품단가기준표]에서 "대리점"과 "단가"를 각각 검색하였다.

마음 아픈 B+ 학생의 인원수는 몇 명일까? count함수와 가족들

학생들의 성적을 구하다 보면 늘 마음 아픈 부분이 상대평가 제도로 인해 한 등급씩 내려가는 학생들이 발생할 때이다. 오래 전, 한 개그 프로그램에서 "1등만 기억하는 더러운 세상"이라는 유행어를 만들어낸 적이 있다. 성적을 주는 입장에서는 A 이상을 받는 학생뿐 아니라 정말 열심히 한 학생들이 늘 기억에 남는다. 그런데 성적을 받는 학생의 입장에서는 본인이 A를 받지 못하는 것이 못내 섭섭하고 아쉬운 모양이다. A 이상을 받아야지만 그 과목에서 잘했다는 평가가 학생들 사이에서 만연한 것 같다. 물론 잘못된 것은 아니지만, 나의 개인적인 경험으로 훌륭하게 작성된 시험지는 금세 잊혀지지만, 수업시간에 정말 적극적인 학생들은 평생 기억된다. 특히 열심히 하였지만 본인이 원하는 A학점을 받지 못한 B학점의 친구들은 미안한 마음 때문인지 더 오랫동안 기억된다. 이런 친구들이 과연 몇 명쯤 될까? 지금부터 살펴볼 count함수는 이런 의문을 풀어주는 함수이다. 중요도와 활용도 측면에서 모두 별 5개짜리 함수라 할 수 있다.

count함수는 대가족의 일원이다. 왜냐하면 count함수의 형제로 counta와 countblank함수가 있고, IF함수와 결혼하여 countif라는 자식을 두고 있기 때문이다. 그런데 이 countif라는 함수가 여간 사랑스러운 녀석이 아닐 수 없다. 또한 IF함수는 우리가 잘 알고 있는 합계함수(=sum)와도 결혼하여 sumif라는 자식도 두고 있다. 조금 이상한 관계이지만 IF함수가 워낙 인기가 좋은 것으로 이해하고, 중요한 것은 아버지(IF)가 같아서 그런 것일까? =countif()와 =sumif()는 사용하는 방식이 거의 비슷하다. 그럼 우선 대가족의 시작인 =count()함수부터 알아보자.

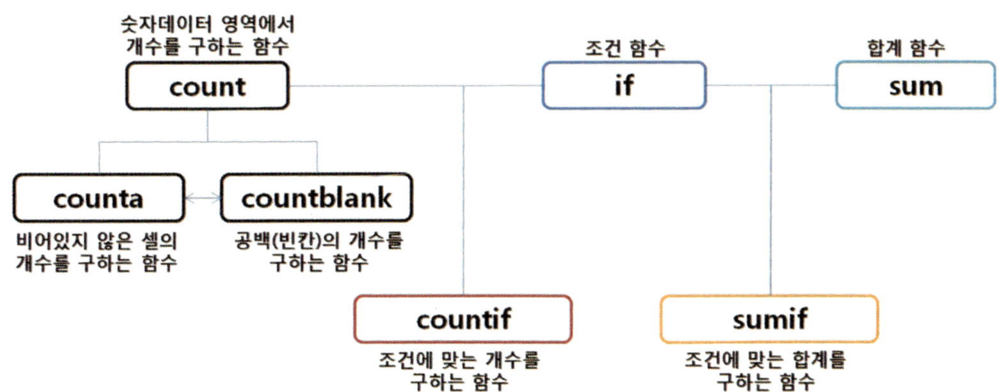

그림 37 count함수의 가족구성도

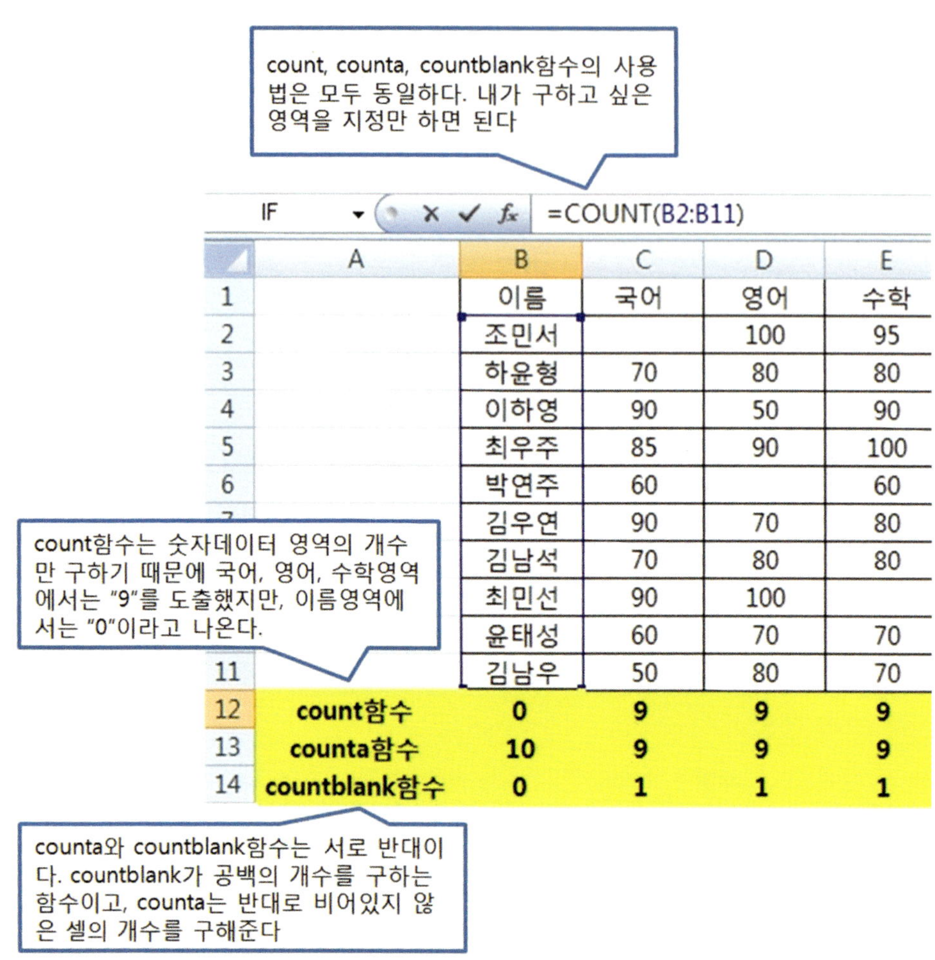

	A	이름	국어	영어	수학
1		이름	국어	영어	수학
2		조민서		100	95
3		하윤형	70	80	80
4		이하영	90	50	90
5		최우주	85	90	100
6		박연주	60		60
7		김우연	90	70	80
8		김남석	70	80	80
9		최민선	90	100	
10		윤태성	60	70	70
11		김남우	50	80	70
12	count함수	0	9	9	9
13	counta함수	10	9	9	9
14	countblank함수	0	1	1	1

그림 38 count함수, counta함수, countblank함수의 사용

    <그림 38>에는 count함수, counta함수 그리고 countblank함수의 사용법이 설명되어 있다. count함수는 개수를 구할 수 있는 함수이지만, 오로지 숫자 데이터만을 인식할 수 있다. 문자데이터의 개수를 구하기 위해서는 counta함수를 이용해야 한다. counta함수는 숫자와 문자 데이터 모두를 인식할 수 있는 함수로 솔직히 counta함수는 count함수를 포함한다고 볼 수 있다. 마지막으로 countblank함수는 빈 셀이 몇 개인지를 알고 싶을 때 사용할 수 있는 함수이다. countblank함수와 counta함수는 서로 반대의 개수를 구한다고 이해하면 된다.

count함수는 매우 간단한 함수이다. 그런데 실무에서 count함수가 이용될 때는 countif함수의 활용도가 매우 높다. countif함수는 count함수와 if함수가 결합된 함수로 조건에 맞는 개수를 구하고자 할 때 이용된다. 책의 서두에서 이야기한 회원관리 명단의 예를 다시 살펴보자.

① 남자와 여자는 각각 몇 명일까?
② 정회원과 준회원은 각각 몇 명일까?
③ 회원의 평균 나이는 몇 살일까?
④ 서울 거주자는 몇 명일까?

우리는 <그림 39>를 통해 위 질문 중 두 가지를 해결할 수 있다. countif함수를 이용하면 너무 쉽게 구할 수 있음을 알게 된다. 회원의 평균 나이를 구할 때는 평균함수인 "=average()"를 이용하면 된다. 마지막 질문인 서울 거주자의 인원수를 구하는 것도 역시 countif함수를 사용하면 된다. 그런데 countif함수를 적용하기 전에 한 가지 작업이 더 필요하다. 우선 <그림 39>를 통해 countif함수의 사용법을 익혀두자.

IF ✕ ✓ fx =COUNTIF($B$2:$B$26,A28)

	A	B	C	D	E
1	성명	성별	나이	회원유형	전화번호
2	민병f	남	23	정회원	(02)595-5374
3	서석완	여	52	준회원	(02)535-3844
4	김민석	남	24	준회원	(051)256-5461
5	신동민	남	24	준회원	(011)9741-2234
6	강태중	남	26	정회원	(02)3473-9360
7	도영남	여	36	정회원	(053)322-1233
8	이상욱	남	24	준회원	(02)534-5377
9	진명기	여	37	정회원	(02)533-7758
10	강승아	여	34	준회원	(043)533-5988
11	박동석	남	23	준회원	(02)595-9538
12	이진건	여	23	준회원	(043)276-1233
13	최현진	여	42	준회원	(02)826-0696
14	구예리	남	37	정회원	(051)852-5222
15	심선희	여	22	정회원	(02)3482-4392
16	황하수	남	34	정회원	(011)9857-5480
17	여이형	남	26	준회원	(011)261-8809
18	김구애	여	23	준회원	(043)297-7572
19	홍영선	여	28	정회원	(043)267-3981
20	김경옥	여	34	정회원	(031)536-6337
21	박영석	여	32	준회원	(053)354-3541
22	서철기	남	36	정회원	(031)536-0668
23	김철수	남	25	준회원	(02)842-4140
24	박정운	남	46	준회원	(043)255-0934
25	김재호	여			
26	이진경	남			
27					
28	남	=COU		정회원	11
29	여	13		준회원	14

그림 39 countif함수를 통해 회원명단에서 남녀의 인원수와 정회원-준회원의 인원수를 각각 구하였다. countif함수는 지정된 영역에서 조건에 맞는 개수가 몇 개인지를 구할 수 있다.

<그림 40>을 살펴보자. <그림 39>의 countif함수와 동일하다. 그러나 서울 거주자의 인원수를 구하기 위해서는 <그림 40>의 주소 데이터만을 이용해서는 countif함수를 구할 수 없다. 왜일까? 첫 번째 주소데이터를 살펴보자. "서울시 서초구 잠원동"이라고 표기되어 있다. 이것은 "서울"이라는 단어가 포함되어 있는 것이지 "서울"만 표기된 것이 아니다. countif함수에서 조건인 "creteria"의 값으로 "서울"로 표기되어 있다. countif함수에서는 조건(criteria)의 값과 범위(range)의 값이 정확히 일치하는 것만 개수로 찾아준다. countif함수를 구할 때 쉽게 실수할 수 있는 부분이다. 그래

서 본 예제에서는 서울 거주자를 찾기 위해 주소데이터에서 left함수를 이용하여 지역이라는 새로운 데이터를 추출해주었다. left함수는 문자함수로써 지정된 셀에서 원하는 문자를 추출할 수 있는 함수이다. left함수는 이름대로 왼쪽에서부터 시작하여 지정된 값만큼 문자데이터를 들고 올 수 있다. 아래의 예제처럼 "=left(G2,2)"라고 표기되었다면, 셀G2에서 왼쪽부터 두 번째 값까지 들고 오라는 뜻이다. 셀 G2의 값이 "서울시 서초구 잠원동"이다. 그래서 왼쪽에서 두 번째까지의 값은 "서울"이 된다. 지역(H열)이라는 데이터는 이렇게 left함수를 통해 모두 구해졌다. left함수 이외에도 right함수와 mid함수가 모두 같은 원리로 구해진다. right함수는 오른쪽부터 시작하여 원하는 만큼의 문자를 들고 오는 함수이고, mid함수는 middle의 약자로 중간값부터 원하는 만큼 문자를 추출할 수 있다.

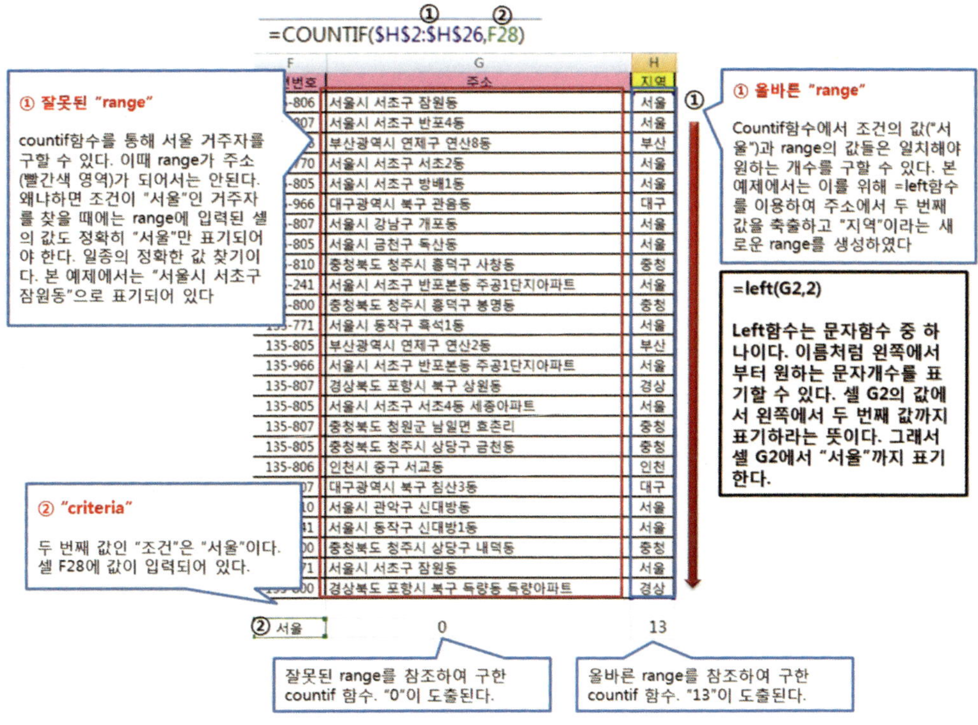

그림 40 서울거주자의 인원수를 구하기 위해 countif함수가 적용되었다. countif함수에서 원하는 조건(criteria)을 주어진 범위(range)에서 찾기 위해서는 조건과 범위의 값이 정확히 일치해야 한다. 여기서는 이를 위해 left함수를 이용하여 지역이라는 새로운 범위(range)를 생성하였다.

같은 뿌리를 가진 sumif함수와 countif함수

마지막으로 sumif함수를 알아보자. sumif함수도 if함수와 sum함수가 결합된 함수이다. 그러므로 기본적으로 countif함수와 사용법이 거의 동일하다. 다만 차이가 나는 것은 sumif함수는 sum함수의 특성을 가지고 있으므로 조건에 맞는 합계를 구한다는 점이다. 그러므로 세 번째 값으로 합계를 구하기 위한 합계 범위를 추가해준다. 아래의 그림에서는 sumif함수와 countif함수를 모두 표기하여 쉽게 비교하도록 하였다. 세 번째 값만 추가되었음을 알 수 있다. 간혹 sumif함수와 countif함수가 헷갈리는 경우가 종종 있다. 그러나 sumif함수와 countif함수가 if라는 같은 뿌리에서 나왔음을 기억하자. countif함수가 먼저 나온 형이다. sumif 함수는 동생이라 형의 장점을 그대로 가지고 있다. 다만 sum함수라는 유전자를 가지고 있으므로 합계범위가 하나 더 추가되었을 뿐이다.

<그림 41>에서는 등급별 인원수를 countif 함수로 찾고, 역시 등급별 총점 점수의

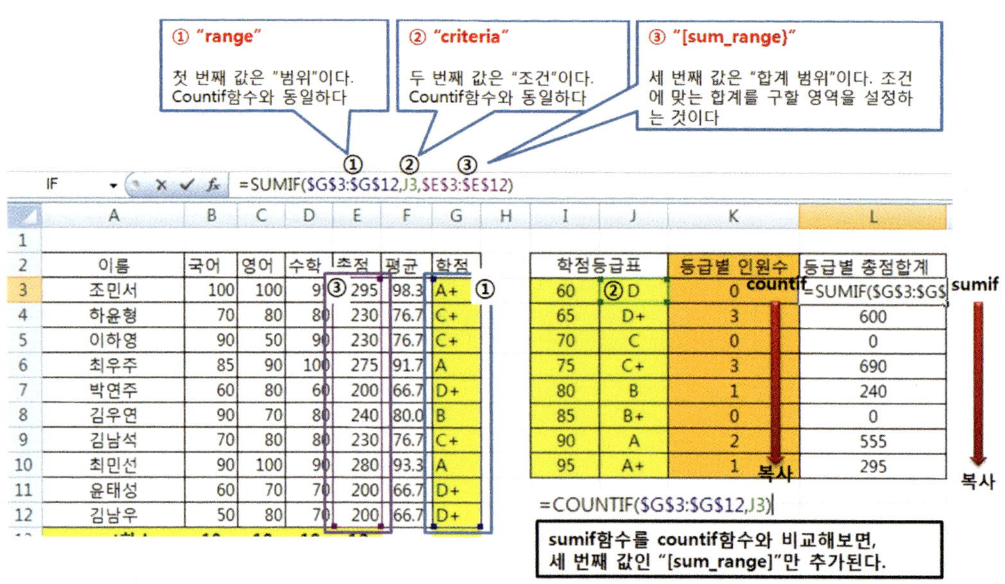

그림 41 sumif함수의 적용사례. [등급별 총점합계 구하기]. sumif함수는 countif함수와 기본적으로 동일하며, 다만 세 번째 값으로 "sum_range"(합계범위)가 추가된다. 이는 주어진 조건에 해당하는 값의 합계를 구하기 때문이다.

합은 sumif 함수로 해결하였다. 학점이 표시된 G열(①)에서 "D"학점(②)이 몇 명인 지는 countif 함수로, 역시 G열에서 "D"학점을 찾아 D학점의 총점 합계(③, E열)는 sumif 함수로 구한다.

사실 sumif함수보다는 countif함수의 활용이 좀 더 많다. 이는 countif함수만 이해 하고 있다면 sumif함수도 거의 동일하게 적용될 수 있기 때문이다. <그림 42>와 같 이 "평균점수가 80점 이상인 학생은 모두 몇 명일까"와 같이 얼마든지 응용할 수 있 다. 조건을 어떻게 주느냐가 핵심이다. 여러분도 한번 countif함수를 꼭 활용해보기 를 바란다. 그럼 자연스럽게 sumif함수도 어렵지 않게 사용하게 된다.

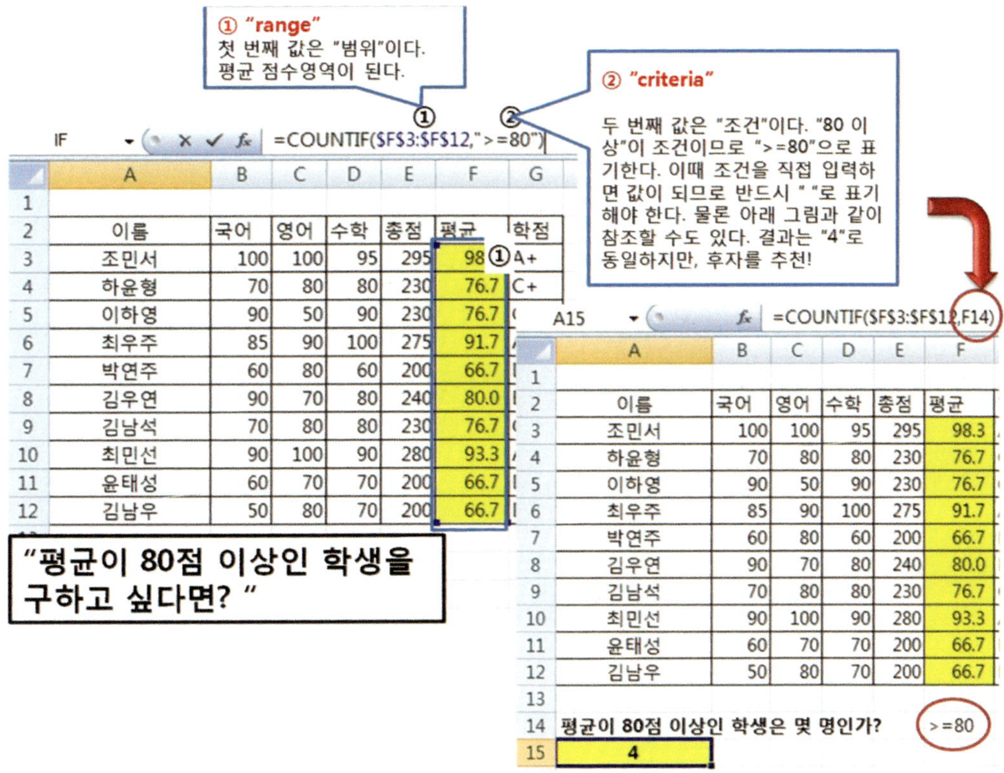

그림 42 countif함수의 응용. 평균점수가 80점 이상인 학생을 구하고 싶다면?

STEP 4

빅 데이터(Big data)일수록
엑셀은 강하다

엑셀 없이 학생 100명의 성적을 구한다면?

엑셀이 없었던 시절, 학생들의 성적을 어떻게 구했을까? 물론 지금도 엑셀 없이 성적을 구하기도 한다. 한번은 외국인 교수가 성적을 구하는 것을 본 적이 있는데 모두 계산기를 이용하여 합계를 구하는 것을 보았다. 이를 위해서는 출석, 과제, 시험 등의 점수 합계가 정확히 100점 만점으로 도출되거나 총점의 평균점수가 100점이 되어야 한다. 그래야만 90점이 되었을 때 전산으로 "A"라는 학점이 도출될 수 있기 때문이다. 계산기를 이용한다는 것은 계산기를 통해 구해진 결과값을 다시 다른 곳에 입력해두어야 함을 뜻한다. 그곳이 종이가 되었든, 전산입력이 되었든 간에 엑셀 없이 성적을 구한다는 것은 상당히 귀찮고 오랜 인내를 요구한다. 또한 노력에 비해 실수할 확률도 그만큼 높아진다는 뜻이다. 이건 성적 구하기에만 해당되는 이야기가 아니다. 거의 모든 기업의 업무에서는 엑셀이 반드시 이용되고 있다. 물론 엑셀을 이용한다고 모두 효율적으로 작업하는 것은 아니지만, 최소한 계산기를 이용하는 것보다는 효율성은 높아진다. 그렇다고 엑셀을 계산기처럼 활용해서는 안 된다. "참조하여 복사하라"는 개념만 기억하고 있다면 엑셀은 분명 여러분의 일을 더욱 빠르고 정확하게 처리해줄 것이다. 특히 엑셀은 빅 데이터를 활용할 경우 사용가치가 더욱 증가된다. 100명의 학생이 아닌 1000명의 학생이라면? 만 명의 직원성과를 평가한다면? 하루에도 수십 번씩 업데이트되는 매출을 관리한다면? 분명 계산기로 해결할 수 없다.

본 장에서는 빅 데이터를 가진 자료에서 더욱 효과적으로 데이터를 처리할 수 있는 몇 가지 팁을 살펴볼 것이다. 엑셀의 틀 고정, 숨기기, 프린트 기능이 그 핵심이다. 모두 간단하지만 정말 유용한 기능들이다. 특히 엑셀의 프린트 기능은 다른 어떤 프로그램보다 뛰어나다. 그럼 유용한 엑셀 팁들을 살펴보자.

마우스 스크롤의 불편한 진실, 틀 고정으로 해결하기

빅 데이터로 구성된 엑셀 작업을 하다 보면, 조금 바보 같은 짓을 나도 모르게 하는 경우가 있다. 여기서 빅 데이터는 모니터의 한 화면으로 엑셀의 데이터를 모두 담지 못하는 경우를 말한다. 쉽게 말해 마우스 스크롤이나 엑셀에서의 스크롤 바를 이용하여 위·아래, 또는 좌우로 이동해야만 데이터 전체를 확인할 수 있는 경우를 말한다. 아래의 그림을 살펴보자. 아래의 데이터는 총 100명 학생들의 성적 데이터를 작성한 것이다. 현재 35번째 학생까지 보인다. 아래의 학생들을 살펴보기 위해 여지없이 마우스 스크롤을 이용하여 아래로 이동한다.

	A	B	C	D	E	F	G	H	I	J	K	L	M	N	O	P	최종
1	이름	학번	학년	학과	레포트1	레포트2	중간(원점수)	중간백분위	기말(원점수)	기말백분위	출석	발표	합계	절대평가학점	상대평가등급	상대평가점수	
2	김경자	20112323	2	경영학과	10	10	92	23	100	25	20	9	97	A+	A	1	
3	김미화	20115486	2	경영학과	9	5	88	22	84	21	20	8	85	B+	A	1	
4	김슬빛	20115874	2	경영학과	8	7	79	19.75	85	21.25	18	10	84	B+	A	1	
5	김형미	20112574	2	영문학과	5	9	95	23.75	65	16.25	19	8	81	B+	A	1	
6	이기안	20113659	2	경영학과	10	9	54	13.5	70	17.5	20	10	80	B+	B	0.95	
7	권상철	20111189	2	경제학과	10	2	100	25	72	18	20	7	82	B+	A	1	
8	김재한	20115988	2	영문학과	7	4	98	24.5	100	25	18	3	81.5	B+	A	1	8
9	서지은	20114578	2	행정학과	5	7	100	25	77	19.25	20	2	78.25	B	B	0.95	74.
10	심우철	20112133	2	경제학과	9	8	85	21.25	79	19.75	20	10	88	B+	A	1	
11	이세화	20118736	2	행정학과	8	7	68	17	86	21.5	19	6	78.5	B	B	0.95	74
12	이송화	20115489	2	경영학과	10	8	59	14.75	79	19.75	20	7	79.5	B	B	0.95	75
13	정승미	20115895	2	행정학과	10	9	77	19.25	82	20.5	20	7	85.75	B+	A	1	85
14	김서현	20114567	2	경영학과	5	6	100	25	81	20.25	18	5	79.25	B	B	0.95	75.
15	박혜린	20115968	2	경제학과	10	5	66	16.5	85	21.25	20	5	77.75	B	B	0.95	73.
16	배유미	20113362	2	행정학과	9	5	79	19.75	86	21.5	20	10	85.25	B+	A	1	85
17	서은영	20115446	2	경영학과	8	5	48	12	100	25	19	7	76	B	B	0.95	7
18	윤소담	20114132	2	행정학과	5	10	68	17	98	24.5	20	10	86.5	B+	A	1	8
19	윤희준	20114231	2	행정학과	3	6	88	22	48	12	18	10	71	B	B	0.95	67
20	이민주	20112375	2	경영학과	2	10	48	12	36	9	20	6	59	D+	C	0.9	5
21	이은진	20111547	2	영문학과	4	9	77	19.25	100	25	20	10	87.25	B+	A	1	87
22	이병준	20115632	2	영문학과	9	7	55	13.75	96	24	18	7	78.75	B	B	0.95	74.
23	김찬욱	20112587	2	행정학과	9	2	99	24.75	85	21.25	20	10	87	B+	A	1	
24	노아름	20114888	2	경제학과	7	10	78	19.5	48	12	19	9	76.5	B	B	0.95	72
25	박지은	20114025	2	경제학과	7	6	98	24.5	100	25	20	10	92.5	A	A	1	9
26	강주성	20114685	2	영문학과	10	3	81	20.25	96	24	20	8	85.25	B+	A	1	85
27	강주회	20114123	2	영문학과	9	10	100	25	58	14.5	19	7	84.5	B+	A	1	8
28	김보람	20115488	2	영문학과	9	5	59	14.75	74	18.5	20	9	76.25	B	B	0.95	72.
29	김수민	20115698	2	경제학과	7	2	48	12	62	15.5	20	10	66.5	C+	C	0.9	59
30	김시습	20114636	2	경영학과	9	9	69	17.25	59	14.75	20	10	80	B+	B	0.95	
31	김은영	20115579	2	영문학과	8	7	59	14.75	100	25	20	8	82.75	B+	A	1	82
32	김자윤	20114784	2	행정학과	10	10	84	21	84	21	20	9	91	A	A	1	
33	김진선	20114568	2	경영학과	7	8	100	25	100	25	20	10	95	A+	A	1	
34	김효근	20112194	2	영문학과	10	10	68	17	100	25	20	7	89	B+	A	1	8
35	나혜옥	20112179	2	경제학과	8	8	80	20	52	13	20	10	79	B	B	0.95	79
36	미은혜	20112136	2	경영학과	4	9	75	18.75	92	23	20	5	79.75	B	B	0.95	75.

Sheet2　Sheet2 (2)　Sheet2 (3)　Sheet3　Sheet4　Sheet5　Sheet4 (2)　Sheet4 (3)　Sheet4 (4)　Sheet6　Sheet1　Sheet7

그림 43 학생 100명의 성적 데이터. 현재 화면에 보이는 학생들은 35명까지 보인다. 아래의 학생들도 살펴보기 위해 우리는 일반적으로 마우스 스크롤을 이용하여 아래로 내려간다.

마우스 스크롤을 이용하여 아래로 내려갔다. 이것이 <그림 44>와 같은 경우이다. 그런데 59번째 학생의 데이터를 살피던 중 작성되어 있는 숫자 데이터가 어떤 항목인지가 헷갈리기 시작한다. 리포트 점수였는지, 중간고사 아님 기말고사 점수? 이를 확인하기 위해 우리는 다시 한 번 위로 올라가 확인하게 된다. 올라가서 확인한 결과 5번째가 리포트1의 점수였고, 6번째가 리포트2의 점수, 그리고 7번째가 중간점수 등이었다. 그리고 다시 아래로 내려오면 그러니까 이게 리포트 1과 2이고, 다음 것이 중간점수이고, 또 그 다음이… 뭐였지?

참 바보 같은 짓을 하고 있는 셈이다.

그러나 누구에게나 그리고 흔히 접할 수 있는 상황이다. 이렇게 스크롤을 이용하여 작업을 하다 보면 이런 불편한 경우가 발생한다. 이 정도 암기문제로 머리 탓을 할 수도 없고… 참 불편한 진실이다. 그래서 엑셀에서는 "틀 고정"이라는 간단한 기능을 통해 이를 해결할 수 있다.

60	김진	20111689	2	경영학과	5	8	81	20.25	25	6.25	19	8	66.5
61	김진태	20115748	2	행정학과	5	9	56	14	51	12.75	20	5	65.75
62	김현주	20112145	2	영문학과	7	8	50	12.5	62	15.5	20	4	67

그림 44 마우스 스크롤을 이용하여 60번째 학생의 데이터를 살펴보고 있다. 그런데 중간에 보이는 숫자 (또는 점수)들이 무슨 항목인지 기억나지 않는다. 그럼 우리는 다시 스크롤을 위로 올려서 확인한다.

	D	E	F	G	H	I	J	K	L	M	N	O	P	Q	R
1	학과	레포트1	레포트2	중간(원점수)	중간백분위	기말(원점수)	기말백분위	출석	발표	합계	절대평가학점	상대평가등급	상대평가점수	최종점수	최종학점
2	경영학과	10	10	92	23	100	25	20	9	97	A+	A	1	97	A+
3	경영학과	9	5	88	22	84	21	20	8	85	B+	A	1	85	B+
4	경영학과	8	7	79	19.75	85	21.25	18	10	84	B+	A		84	B+

그림 45 스크롤은 위아래뿐 아니라 좌우도 동일하다. 학생의 최종학점을 확인하기 위해 오른쪽으로 이동하였다. 그런데 이런! A+을 받은 학생의 이름이 뭐였지? 또 왼쪽으로 이동해서 확인한다.

<그림 46>을 보게 되면 틀 고정을 하는 방법을 설명하고 있다. 틀 고정은 매우 쉽다. 우선 내가 틀 고정하고 싶은 셀을 마우스로 찍은 다음, [보기]메뉴에서 [틀 고정]

을 찾아 틀 고정만 클릭해주면 끝난다. 전혀 어렵지 않다. 그런데 틀 고정을 할 때, 딱 한 가지만 주의하면 된다. 바로 틀 고정하고 싶은 셀을 마우스로 찍을 때가 문제이다. <그림 46>에서 내가 틀 고정하고 싶은 영역이 표 항목과 [이름, 학번, 학년, 학과]의 데이터라고 생각해보자(노란색 음영부분). 그럼 마우스 포인트를 셀 E2에 위치시키면 된다. 그리고 [보기]메뉴에서 [틀 고정]을 클릭하면 끝이 난다. 다시 말해 틀 고정의 기준을 잡기 위해 마우스 포인트로 해당 셀을 클릭했을 때, 해당 셀의 왼쪽, 그리고 위쪽이 모두 틀 고정이 되는 것이다. 만약 내가 셀 C10에 마우스 포인트를 찍고 틀 고정을 했다고 생각해보자. 그럼 어떻게 틀 고정이 될까? 그렇다. 셀 C10의 위쪽이니까 9행부터 1행까지 틀 고정이 될 것이고, 왼쪽은 B열부터 A열까지 틀 고정이 될 것이다. 어렵게 생각하지 말고, 틀 고정을 해보라. 마우스 포인트의 왼쪽 그리고 위쪽이 틀 고정된다는 사실만 기억하자. 여러분의 눈이 좀 더 편안해질 것이다.

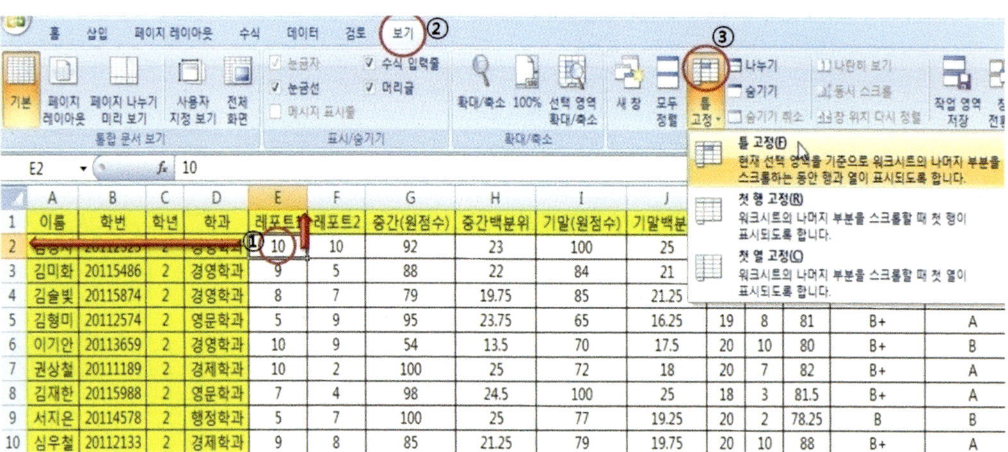

그림 46 틀 고정하기. 마우스 포인트로 틀 고정의 기준 셀을 클릭한다. 현재 셀 E2에 마우스 포인트가 있다. 셀 E2를 기준으로 왼쪽 열(A~D열)과 위쪽 행(1행)이 모두 틀 고정된다는 뜻이다. 다음으로 [보기]메뉴에서 [틀 고정]을 찾아 클릭하면 끝.

	A	B	C	D	J	K	L	M	N	O	
1	이름	학번	학년	학과	기말백분위	출석	발표	합계	절대평가학점	상대평가등급	상대평
97	오재중	20116958	2	행정학과	15.75	17	0	70.5	F	F	
98	이슬이	20113785	2	행정학과	25	17	10	91	F	F	
99	이윤익	20112362	2	경영학과	15.5	17	8	78.5	F	F	
100	정재경	20102596	3	경영학과	19.5	17	10	79.75	F	F	0
101	조미화	20104897	3	영문학과	17.5	17	2	71	F	F	0

그림 47 〈그림 46〉의 연속화면. 틀 고정이 되었다면 위아래, 좌우로 이동해보자. 100번째 학생의 최종학점을 손쉽게 확인할 수 있다. 틀 고정을 취소하려면 [보기] 메뉴에서 [틀 고정]을 클릭하면 [틀 고정 취소]가 보인다. 클릭하자.

틀 고정은 한 번밖에 적용할 수 없다. 한번 틀 고정이 이루어지면 다른 곳에 또 틀 고정을 할 수 없다는 이야기이다. 틀 고정을 취소하고 싶다면 [보기] 메뉴에서 [틀 고정]을 찾아 클릭해보라. 바로 [틀 고정 취소]가 보일 것이다.

숨기고 싶은 비밀이 있다면? 숨기기 기능

엑셀의 숨기기 기능은 빅 데이터에서 현재 보고 싶은 항목을 선별하고 싶을 때 사용된다. 예를 들어 학생들의 중간고사 성적을 모든 학생들에게 공지한다고 생각해보자. 이때 이름이 공개될 경우, 다른 학생들도 나의 성적을 알 수 있다. 조금 민망해질 수 있는 상황이다. 학번과 중간고사 점수만 공개된다면 최소한 나의 점수에 대한 비밀보장이 이루어질 것이다. 이때 "학번"과 "중간고사" 성적을 제외하고 다른 항목, 특히 이름을 숨기기 할 수 있다. <그림 48>을 살펴보자.

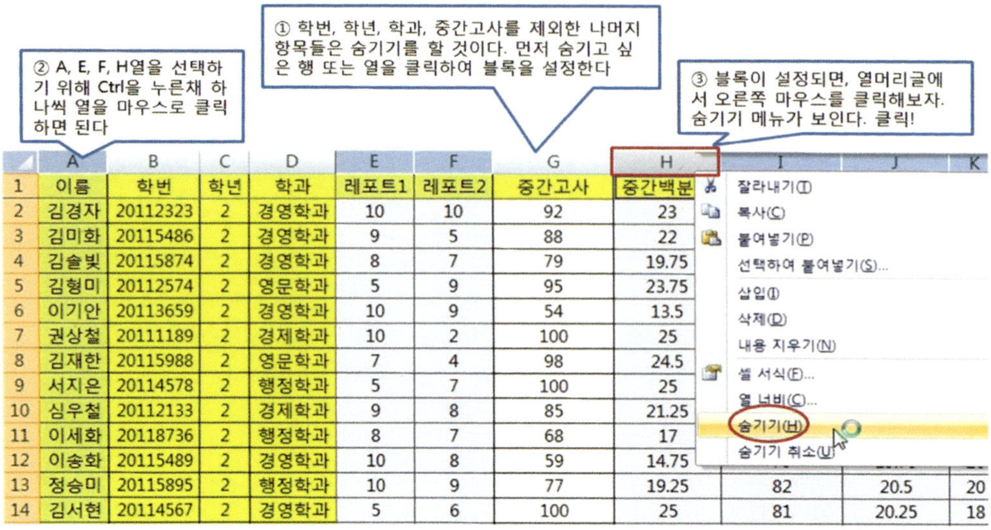

	A	B	C	D	E	F	G	H	I	J	K
1	이름	학번	학년	학과	레포트1	레포트2	중간고사	중간백분			
2	김경자	20112323	2	경영학과	10	10	92	23			
3	김미화	20115486	2	경영학과	9	5	88	22			
4	김술빛	20115874	2	경영학과	8	7	79	19.75			
5	김형미	20112574	2	영문학과	5	9	95	23.75			
6	이기안	20113659	2	경영학과	10	9	54	13.5			
7	권상철	20111189	2	경제학과	10	2	100	25			
8	김재한	20115988	2	영문학과	7	4	98	24.5			
9	서지은	20114578	2	행정학과	5	7	100	25			
10	심우철	20112133	2	경제학과	9	8	85	21.25			
11	이세화	20118736	2	행정학과	8	7	68	17			
12	이송화	20115489	2	경영학과	10	8	59	14.75			
13	정승미	20115895	2	행정학과	10	9	77	19.25	82	20.5	20
14	김서현	20114567	2	경영학과	5	6	100	25	81	20.25	18

그림 48 숨기기 기능. 숨기고 싶은 행 또는 열 머리글에서 블록을 친 다음, 곧바로 오른쪽 마우스를 클릭하면 [숨기기] 메뉴가 보인다.

숨기기 기능은 반드시 하나 이상의 행 또는 열 단위에서만 숨기기가 가능하다. 다시 말해, 셀 A1을 숨길 수는 없다. 특정 셀을 꼭 숨기기 하고 싶다면, 나는 글씨 색깔을 흰색(배경색깔과 동일한 색깔)으로 변경한다. 꼼수지만 나만 빼고 다 속는다. 숨기기는 매우 쉽지만, 유용한 기능이다. 숨겼으면 이제 숨기기 취소를 알아보자.

숨기기 취소도 숨기기와 진행방식은 동일하다. 먼저 블록을 형성한다. 블록을 칠 때의 원칙은 숨기기가 되어 있는 해당 행 또는 열이 포함되도록 블록을 형성하는 것이다. 쉽게 말해, 만약 B열이 숨겨져 있다면, A열과 C열을 블록으로 형성하면 된다. B열은 보이지 않기 때문에 A열과 C열을 블록으로 감싸면 자동으로 B열도 블록으로 형성된다. 이때 마우스 오른쪽을 누르면 숨기기 취소를 볼 수 있다. 그러나 내가 숨기기를 하였지만 여러 군데 숨기기를 동시에 해놓으면 어디에 숨기기를 했는지 깜박할 수 있다. 그래서 숨기기 취소를 위해 블록을 형성할 때, 제일 간단한 방법은 행과 열이 만나는 지점(<그림 49>의 ①지점)을 클릭하는 것이다. 이러면 전체 셀이 블록으로 형성된다. 이렇게 전체 블록을 형성하고, 열 머리글 또는 행 머리글에서 오른쪽 마우스를 클릭한 후, 숨기기 취소를 하면 어디에 숨어 있든 모든 행과 열의 숨기기 취소를 할 수 있다.

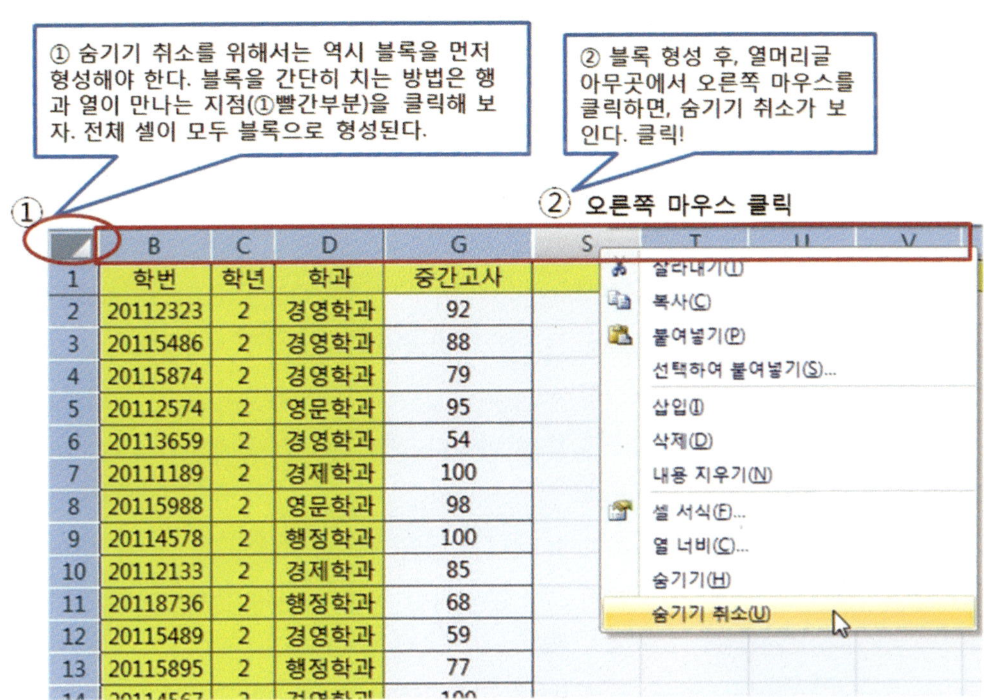

그림 49 현재 숨기기가 설정된 화면. 다음으로 숨기기 취소를 하고 싶다면 숨기기와 동일한 순서로 하면 된다. 먼저 블록을 형성한 다음, 열 또는 행 머리글에서 오른쪽 마우스를 클릭하면 [숨기기 취소]를 볼 수 있다.

엑셀의 인쇄기능, 이보다 더 좋을 수는 없다!

요즈음 스마트폰, 태블릿 PC 등의 등장으로 작성된 문서파일을 언제 어디서나 열람하고 편집하며, 새로운 문서를 작성하는 것도 가능해졌다. 그렇다고 프린트의 역할이 사라진 것은 아니다. 우리는 여전히 수많은 출력물을 들고 다니면서 읽고 적는다. 그러나 작성된 문서를 출력 시에 우리는 전 지구적 에너지를 절약하고자 몇 가지를 고려하게 되는데, 예를 들어 A4 한 장에 두 페이지(두 면)로 인쇄한다든지, 양면 인쇄, 용지여백을 넓게 설정하거나 글씨 크기, 줄 간격 등을 줄여 페이지 수를 줄인다. 또는 필요 없는 그림 등은 잠시 삭제하고 출력하기도 한다(나의 경우, 인쇄할 때에만 불필요한 이미지를 잠시 삭제하고 다시 되돌리기(Ctrl+z)를 한다). 그런데 저작권을 보호하기 위한 PDF 파일의 경우, 편집 등이 불가능하므로 A4 한 장에 두 페이지 인쇄와 같은 간단한 방법 이외에는 용지나 프린트 토너(잉크)를 절약할 수 있는 방법이 많지 않다. 가끔 어쩔 수 없이 PDF 파일을 인쇄할 경우, 불필요한 이미지(회사의 로고는 어쩔 수 없다 하더라도, 단지 문서를 예쁘게 보이기 위해 들어간 레이아웃용 이미지)까지 인쇄하노라면, 그렇게 프린트의 토너가 아까울 수 없다. 내용과 전혀 관계없는 이미지를 검게 인쇄하는 데 얼마나 많은 에너지가 소비되고 있는가! 이런 측면에서 Adobe사(PDF파일을 읽거나 생성해주는 아크로벳 프로그램 회사)는 하루빨리 기술개발을 할 필요가 있다. 엑셀처럼…(그렇다고 마이크로소프트를 옹호하는 것은 아닙니다).

아니면 문서를 생성할 때 불필요한 이미지나 레이아웃을 삭제한 뒤, PDF파일을 생성하도록 하자.

그만큼 엑셀의 인쇄기능은 강력하다. 에너지 절감 차원에서만 이야기하는 것이 아니라 손쉽게 원하는 인쇄가 가능하다. 그럼 본격적인 엑셀의 인쇄기능에 대해 살펴보자.

인쇄기능에서 먼저 살펴 볼 것은 [배율 자동 맞춤] 기능이다. <그림 50>에서는 학생 100명의 성적 데이터를 확인할 수 있다. 우리는 본 엑셀 문서를 작성한 후, 이를 인쇄하려고 한다. 엑셀에서 인쇄를 할 때는 곧바로 인쇄를 하지 말고, 반드시 [인쇄 미리 보기]를 통해 인쇄될 화면을 먼저 확인해보아야 한다. 잊지 말자!

전체석차	학년석차	학년	학번	이름	레포트1	레포트2	중간고사	기말고사	발표점수	출석	총점	학점	최종학점
1	1	2	20110208	진영회	9	10	18	20	30	10	97	A+	A+
3	2	2	20110194	이슬기	9	9	18	20	30	10	96	A+	A+
6	3	2	20111254	문다예	8	9	19	20	29	10	95	A+	A+
6	3	2	20110886	김지원	10	9	18	20	28	10	95	A+	A+
6	3	2	20110005	김지원	9	10	19	20	27	10	95	A+	A+
6	3	2	20110186	김원회	10	10	19	20	26	10	95	A+	A
6	3	2	20110190	최숭현	10	10	20	20	25	10	95	A+	A
11	8	2	20111245	이나영	9	9	20	17	27	10	92	A	A
13	9	2	20111250	유지태	7	10	18	18	28	10	91	A	A
13	9	2	20110188	김국진	7	9	19	19	27	10	91	A	A
16	11	2	20110006	원빈	8	8	17	20	27	10	90	A	A
16	11	2	20111248	이한결	8	8	17	20	27	10	90	A	A
16	11	2	20110007	박하선	9	10	17	20	24	10	90	A	A
16	11	2	20111253	신주원	10	9	19	19	23	10	90	A	B+
22	15	2	20110206	정경호	9	10	17	18	25	10	89	B+	B+
22	15	2	20110204	박중훈	8	9	20	20	24	8	89	B+	B+
25	17	2	20110009	송혜교	8	8	18	17	26	10	87	B+	B+
26	18	2	20110203	이진실	10	9	18	16	23	10	86	B+	B+
26	18	2	20110070	고아라	9	8	18	20	22	9	86	B+	B+
29	20	2	20110010	이순재	8	9	16	17	25	10	85	B+	B+

그림 50 학생 100명의 성적 데이터. 이 문서를 "인쇄 미리 보가"를 통해 확인해보면, 총 6페이지가 인쇄된다.

본 문서를 [인쇄 미리 보기]를 통해 확인한 결과, 총 6페이지로 인쇄됨을 확인할 수 있었다. 만약 이것을 인쇄한다면 <그림 51>처럼 인쇄될 것이 분명하다. 즉 하나의 학생성적표가 6조각으로 찢겨져 인쇄되는 것이다. 만약 여러분이라면 이렇게 인쇄된 후 어떻게 하겠는가?

하나. 6장의 A4용지를 테이프 등을 이용하여 붙여서 확인한다.

둘. 프린트된 6장은 어쩔 수 없이 이면지로 활용하고, 다시 엑셀로 들어가서 여백을 넓히거나, 엑셀의 사이즈를 축소한다.

두 가지 모두 훌륭한 선택이다. 하고자 하는 정성이 있기 때문이다. 그런데 다음부터는 이렇게 해보도록 하자.

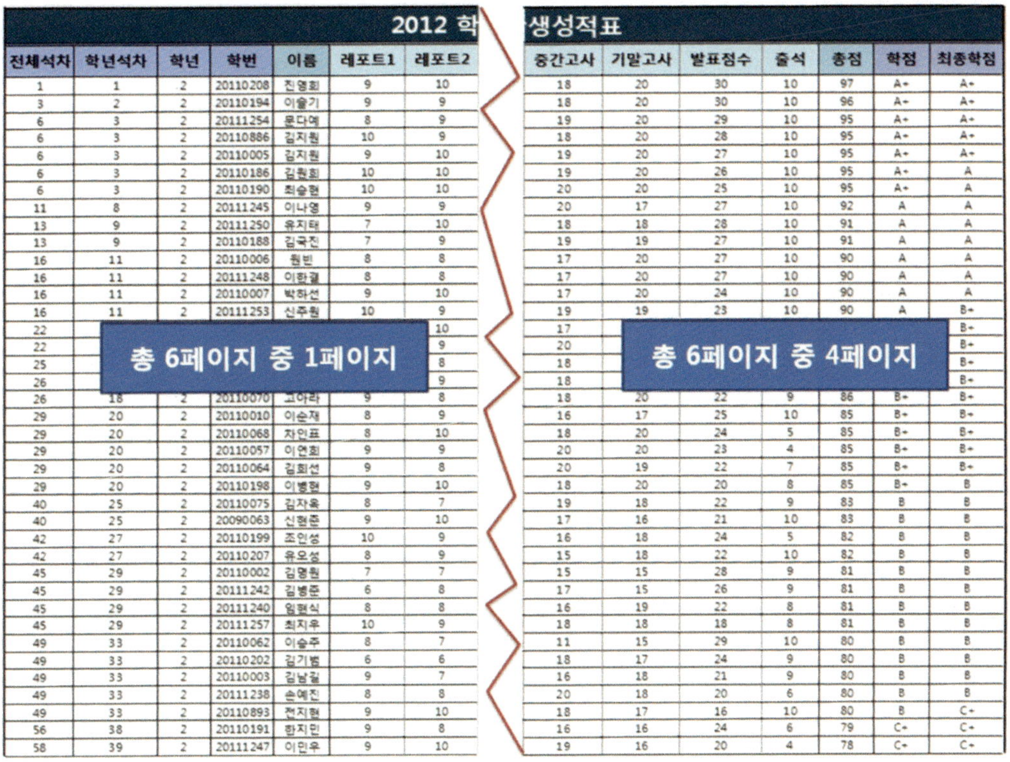

2012 학생성적표

전체석차	학년석차	학년	학번	이름	레포트1	레포트2	중간고사	기말고사	발표점수	출석	총점	학점	최종학점
1	1	2	20110208	진영회	9	10	18	20	30	10	97	A+	A+
3	2	2	20110194	이슬기	9	9	18	20	30	10	96	A+	A+
6	3	2	20111254	문다예	8	9	19	20	29	10	95	A+	A+
6	3	2	20110886	김지원	10	9	18	20	28	10	95	A+	A+
6	3	2	20110005	김지원	9	10	19	20	27	10	95	A+	A+
6	3	2	20110186	김원희	10	10	19	20	26	10	95	A+	A
6	3	2	20110190	최승현	10	10	20	20	25	10	95	A+	A
11	8	2	20111245	이나영	9	9	20	17	27	10	92	A	A
13	9	2	20111250	유지태	7	10	18	18	28	10	91	A	A
13	9	2	20110188	김국진	7	9	19	19	27	10	91	A	A
16	11	2	20110006	원빈	8	8	17	20	27	10	90	A	A
16	11	2	20111248	이한결	8	8	17	20	27	10	90	A	A
16	11	2	20110007	박하선	9	10	17	20	24	10	90	A	A
16	11	2	20111253	신주원	10	9	19	19	23	10	90	A	B+
22	[illegible]	[illegible]	[illegible]	[illegible]	[illegible]	10	17	[illegible]	[illegible]	[illegible]	[illegible]	[illegible]	B+
22	[illegible]	[illegible]	[illegible]	[illegible]	[illegible]	9	20	[illegible]	[illegible]	[illegible]	[illegible]	[illegible]	B+
25	[illegible]	[illegible]	[illegible]	[illegible]	[illegible]	8	18	[illegible]	[illegible]	[illegible]	[illegible]	[illegible]	B+
26	[illegible]	[illegible]	[illegible]	[illegible]	[illegible]	9	18	[illegible]	[illegible]	[illegible]	[illegible]	[illegible]	B+
26	18	2	20110070	고아라	9	8	18	20	22	9	86	B+	B+
29	20	2	20110010	이순재	8	9	16	17	25	10	85	B+	B+
29	20	2	20110068	차인표	8	10	18	20	24	5	85	B+	B+
29	20	2	20110057	이연희	9	9	20	20	23	4	85	B+	B+
29	20	2	20110064	김희선	9	8	20	19	22	7	85	B+	B+
29	20	2	20110198	이병헌	9	10	18	20	20	8	85	B+	B
40	25	2	20110075	김자옥	8	7	19	18	22	9	83	B	B
40	25	2	20090063	신현준	9	10	17	16	21	10	83	B	B
42	27	2	20110199	조인성	10	9	16	18	24	5	82	B	B
42	27	2	20110207	유오성	8	9	15	18	22	10	82	B	B
45	29	2	20110002	김명원	7	7	15	15	28	9	81	B	B
45	29	2	20111242	김병준	6	8	17	15	26	9	81	B	B
45	29	2	20111240	임현식	8	8	16	19	22	8	81	B	B
45	29	2	20111257	최지우	10	9	18	18	18	8	81	B	B
49	33	2	20110062	이승주	8	7	11	15	29	10	80	B	B
49	33	2	20110202	김기범	6	6	18	17	24	9	80	B	B
49	33	2	20110003	김남길	9	7	16	18	21	9	80	B	B
49	33	2	20111238	손예진	8	8	20	18	20	6	80	B	B
49	33	2	20110893	천지현	9	10	18	17	16	10	80	B	C+
56	38	2	20110191	한지민	9	8	16	16	24	6	79	C+	C+
58	39	2	20111247	이민우	9	10	19	16	20	4	78	C+	C+

그림 51 <그림 50>의 연속화면. 총 6페이지 중 1페이지와 4페이지의 화면이다. 엑셀로 작성된 하나의 파일이 인쇄가 될 때는 화면이 6조각으로 분리되는 것이다. 이대로 출력하면 곤란하다.

엑셀에서 인쇄기능은 크게 두 가지 방법으로 설정할 수 있다. 첫째는 상단 메뉴에 보이는 [페이지 레이아웃] 메뉴를 이용하거나, [인쇄 미리 보기]로 들어간 후, [페이지 설정]을 통해 설정이 가능하다. 그런데 일반적으로 인쇄를 하기 전에 [인쇄 미리 보기]를 통해 작성된 문서가 어떻게 인쇄되는지를 확인하기 때문에 후자의 방법처럼 [페이지 설정]을 통해 인쇄 기능을 활용하는 것이 일반적이다.

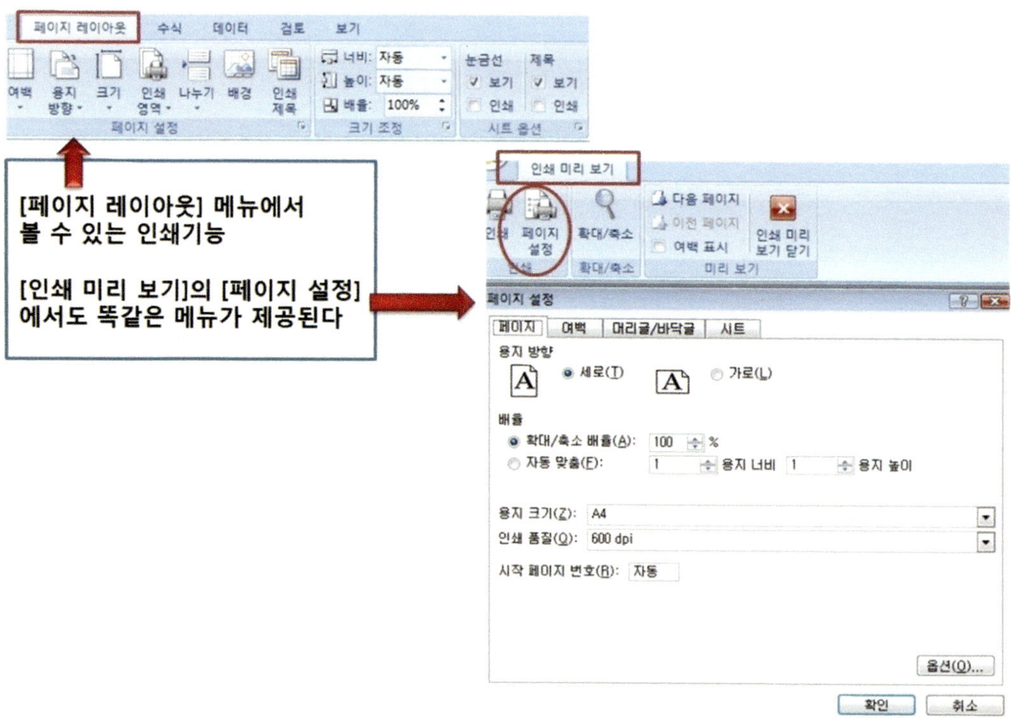

그림 52 엑셀의 인쇄기능은 [페이지 레이아웃] 메뉴를 이용하거나, [인쇄 미리 보기]로 들어간 후, [페이지 설정]을 통해 설정한다.

그림 <그림 53>을 통해 먼저 엑셀의 배율을 조정해보자. <그림 51>에서 살펴본 것처럼 작성된 하나의 엑셀 문서가 인쇄 시 조각 조각난다면 큰 문제이다. 이러한 문제를 엑셀에서는 배율의 [자동맞춤]을 통해 손쉽게 해결할 수 있다.

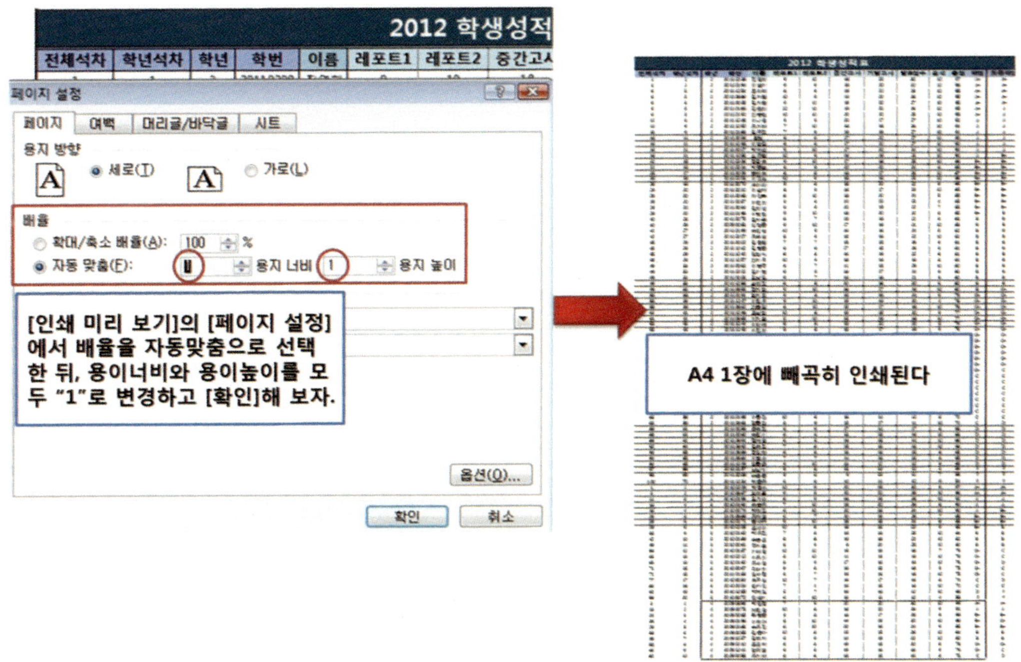

그림 53 인쇄에서 [배율 조정하기] 기능. [배율]-[자동맞춤]을 통해 인쇄될 페이지의 수를 설정할 수 있다. 이를 통해 엑셀에서는 자동적으로 배율을 축소 또는 확대한다.

[페이지 설정]에서 페이지 탭을 보면 [배율]-[자동 맞춤]을 볼 수 있다. 현재 배율은 100%이다. [자동 맞춤]에서 용지너비와 용지높이를 각각 "1"로 변경해보자. 그림 옆에 있는 그림처럼 하나의 엑셀 문서를 A4 한 장으로 자동 축소하여 인쇄할 수 있다. 물론 A4 한 장으로 표현되기에는 작성된 엑셀 문서가 너무 커서 엑셀문서가 빼곡히 보일 것이다. 중요한 것은 사용자가 고민할 필요 없이 자동으로 축소할 수 있다는 것이다. 엑셀문서를 일부러 작게 만들기 위해 테이블의 사이즈를 축소하거나 글씨 등을 작게 편집할 필요가 없어진다. 여기서 용지너비는 A4 용지의 너비를 말하는 것이고, 용지높이란 A4의 높이를 말하는데, 일반적으로 용지높이는 출력되는 A4용지의 페이지 수를 뜻한다. 그러므로 용지 높이를 "2"로 설정해두면 A4용지 두 장으로 인쇄하라는 뜻이 된다.

이를 적용한 것이 <그림 54>이다. 이번에는 [용지높이]를 "3"으로 변경해 보았다. 확인단추를 클릭하면 A4 1장으로 인쇄될 때보다 훨씬 문서가 확대된다. 61%까지 확대된 것을 확인할 수 있다. 사용자는 용지높이를 "3"으로 입력하였지만, 엑셀이 용지너비 "1"을 고려한 결과 3페이지가 아닌 2페이지로 인쇄하도록 배율이 자동조정되었다.

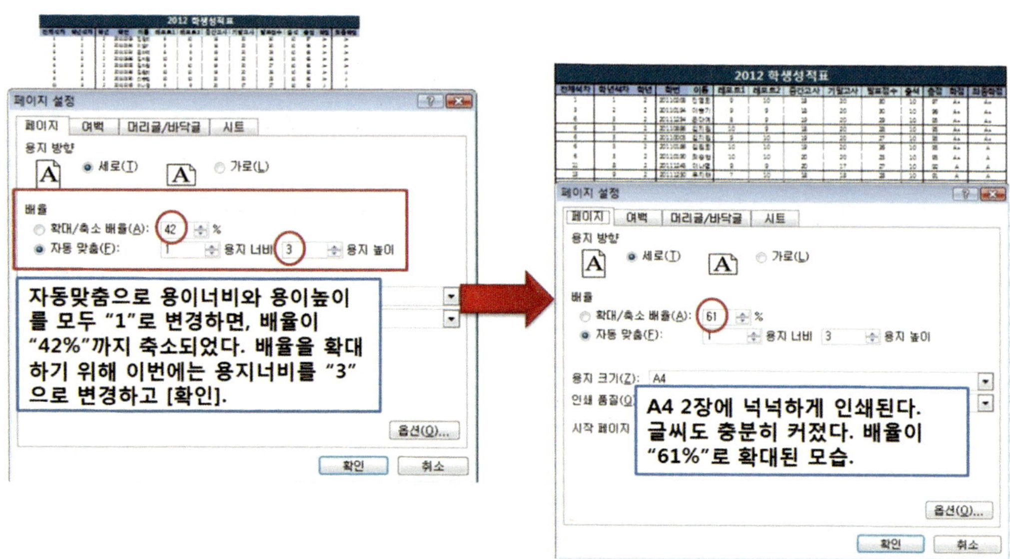

그림 54 [배율]-[자동 맞춤]에서 A4 한 장으로 인쇄할 경우, 42%로 자동 축소되어 인쇄된다. 이 번에는 [용지너비]를 "3"으로 변경해주었다. 이를 통해 배율이 61%까지 확대된다.

그런데 이렇게 A4 두 장으로 인쇄되는 화면을 [인쇄 미리 보기]로 확인한 결과, 사이즈는 충분히 커져 가독성이 높아졌으나, 문제가 한 가지 더 있다. 바로 두 번째 페이지에서 테이블의 항목이 보이지 않아 데이터를 파악하는 데 어려움이 생긴 것이다. <그림 54>에서 볼 수 있는 것처럼 첫 번째 페이지에서는 테이블 제목과 항목이 표기되어 있어 테이블에 표시된 데이터가 어떤 항목인지를 쉽게 파악할 수가 있다. 이를 해결하는 것이 [인쇄 제목] 기능이다. 다음으로 <그림 55>를 살펴보자.

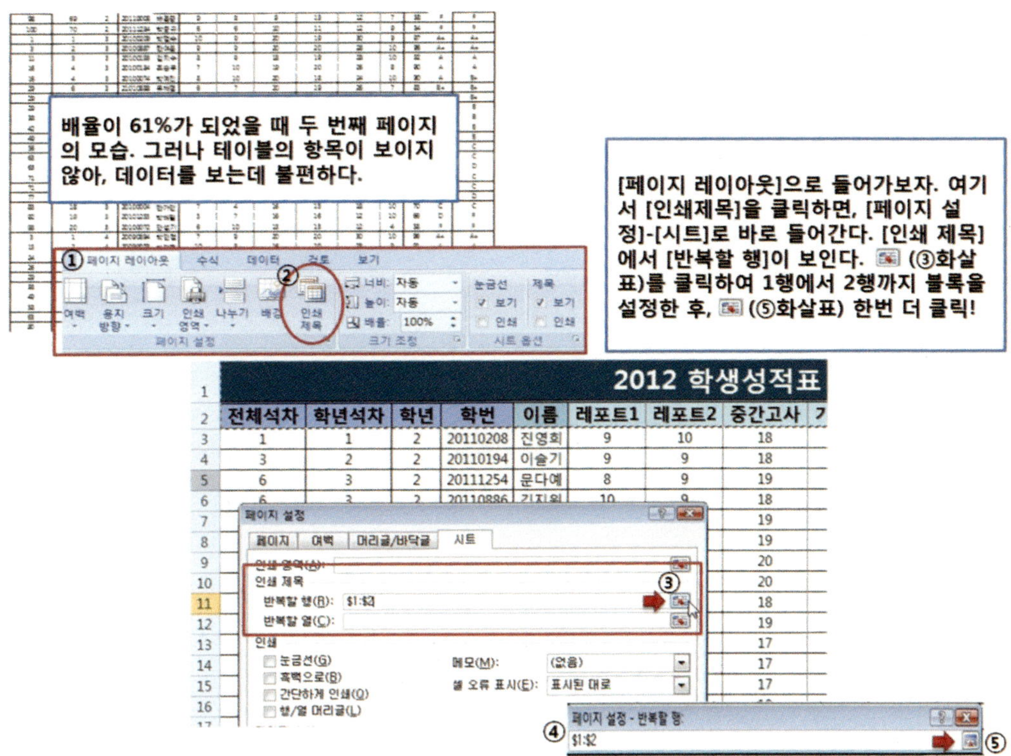

그림 55 [인쇄 제목]기능. 본 기능을 통해 두 번째 페이지부터 테이블의 제목 및 항목을 자동으로 삽입하여 인쇄할 수 있다.

<그림 55>에서는 [페이지 레이아웃]의 [인쇄제목]을 통해 인쇄되는 모든 페이지마다 원하는 페이지 제목과 항목을 삽입할 수 있음을 설명하고 있다. 먼저 엑셀 상단메뉴에 있는 [페이지 레이아웃]을 클릭하면 [인쇄 제목]을 쉽게 찾을 수 있다. 이를 클릭하면 [페이지 설정]-[시트]로 들어간다. 여기서 [인쇄 제목]을 확인해보면 [반복할 행]을 찾을 수 있다. [반복할 행]의 단추(<그림 55>의 화살표 부분)를 클릭하면 원하는 행의 블록을 설정할 수 있다. <그림 55>의 순서를 잘 따라가기를 바란다.

<그림 56>은 최종적으로 [반복할 행]이 설정된 모습이다. 이 얼마나 기특한 기능인가! 엑셀의 인쇄 기능 중 [자동 맞춤]을 통한 배율조정과 [반복할 행] 설정 기능을 함께 익혀두면 좋다.

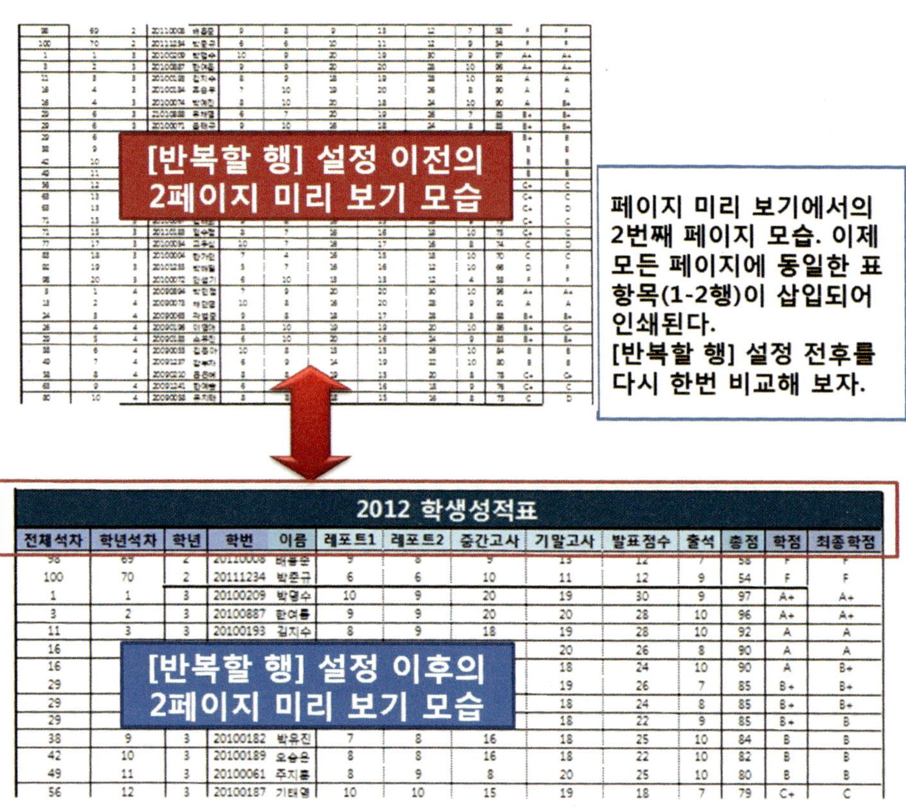

그림 56 [반복할 행]이 설정된 모습. 이제부터 모든 페이지에 테이블 제목과 항목이 함께 출력된다.

다음으로 간단한 설정을 통한 "토너 초절전 기능"을 알아보자. 이 기능은 [페이지 설정]-[시트]에 들어가 보면 [인쇄]라는 영역이 보인다. <그림 57>에서 이 영역을 살펴보면 [눈금선], [흑백으로], [간단하게 인쇄], [행/열 머리글]의 옵션을 볼 수 있다. 이 중 토너 초절전 기능은 [흑백으로]와 [간단하게 인쇄]가 해당된다. 어렵지 않게 사용이 가능하다. [흑백으로]를 체크한 후, [인쇄 미리 보기]를 클릭하면 <그림 57>처럼 엑셀에 적용된 음영이 사라진다. 인쇄를 할 때에는 본 옵션이 유용하다. 왜냐하면 음영 등이 들어가는 이유는 문서를 예쁘게 만들어 가독성을 높이려는 목적인데, 인쇄 시에는 컬러 프린트를 제외한 일반 프린트에서 인쇄를 할 경우, 오히려 음영으로 인해 글씨가 잘 보이지 않는 현상이 발생한다. 음영의 색깔이 흑백 프린트로 인쇄될 경우, 회색 등으로 표시되어 검은 글씨가 묻히는 현상이 발생되는 것이다. 그러므로

음영이 많이 들어간 엑셀에서는 [흑백으로] 옵션을 체크하면 좋다. 글씨의 가독성도
높이고, 토너(잉크)를 절약할 수 있는 간단한 방법이다.

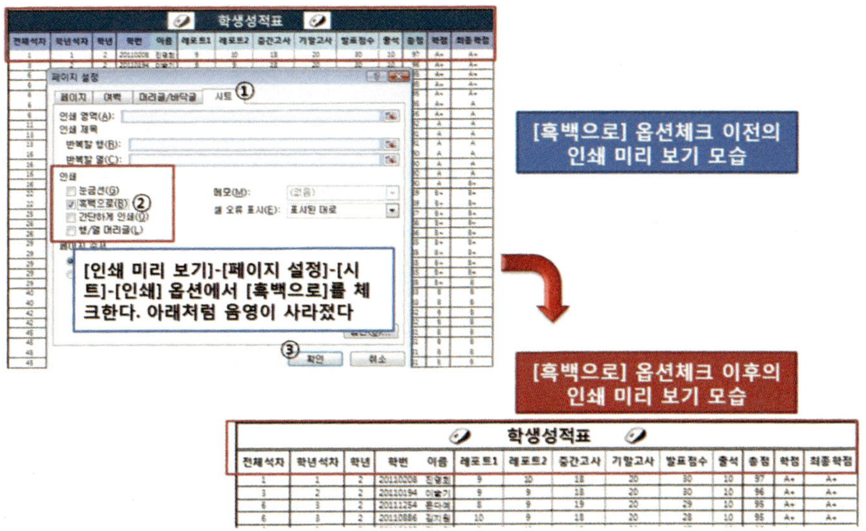

그림 57 [페이지 설정]-[시트]에서 [흑백으로 인쇄]를 하면 인쇄 시에 음영이 사라진
다. 토너 초절전 기능 1단계이다.

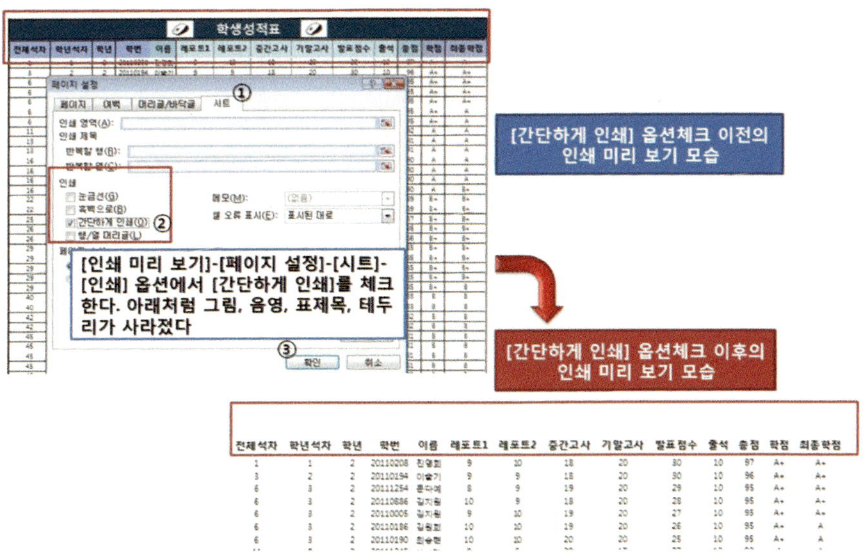

그림 58 [페이지 설정]-[시트]에서 [간단하게 인쇄]를 하면 인쇄 시에 그림, 음영,
테두리, 테이블 제목이 사라진다. 토너 초절전 기능 2단계이다.

다음으로 [토너 초절전 기능] 두 번째로 [간단하게 인쇄] 옵션이 있다(<그림 58>참조).
본 옵션을 체크한 후 인쇄를 하게 되면, 텍스트 데이터 이외에 모든 데이터는 인쇄에서
제외된다. 예를 들어, 엑셀에서 적용된 테두리, 음영은 물론이고, 그림, 테이블 제목 등
토너(잉크)를 많이 잡아먹는 요소들은 모두 제외하고 인쇄된다. <그림 58>처럼 정말 간단
하게 인쇄되는 것이다. 본 옵션은 과도하게 간단히 인쇄되는 경향은 있지만, 엑셀의 데
이터만 출력하여 확인하고 싶은 경우, 매우 유용하다. 인쇄 전에 본 옵션을 체크한 후,
[인쇄 미리 보기]를 통해 한번 확인해보자. 간단히 인쇄되어도 데이터를 파악하는 데 전
혀 무리가 없다면, 굳이 그림, 테두리 등이 과도하게 포함되어 프린트를 힘들게 할 필요
가 있겠는가! 에너지도 절약하고, 비용도 절약하는 1석 2조의 효과를 얻을 수 있다.

다음으로 인쇄의 기타 기능에 대해 몇 가지를 살펴보고자 한다. 우선 <그림 59>
처럼 용지방향을 [세로] 또는 [가로]로 설정할 수 있다. 널리 알고 있는 인쇄 옵션이다.

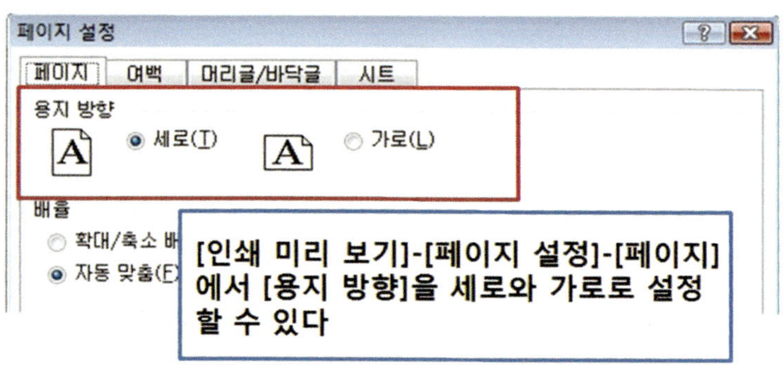

그림 59 [페이지 설정]-[페이지]에서 [용지방향] 설정화면

<그림 60>을 보면, [페이지 설정]-[여백]에서 [페이지 가운데 맞춤] 기능이 있다.
본 기능도 가끔 유용하게 활용된다. 본 기능은 인쇄 시에 A4용지의 여백을 정렬할
수 있는 기능이다. 주로 [가로]옵션을 많이 체크하는데, 이 경우 엑셀에서 작업한 파
일을 출력할 때, A4 용지의 중앙정렬이 되어 인쇄된다.

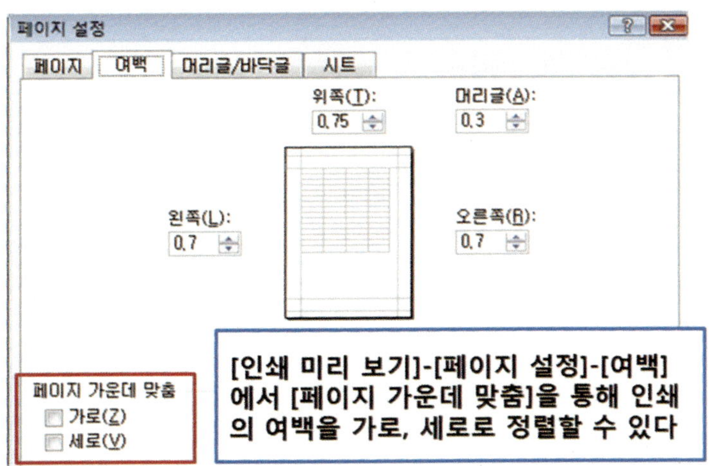

그림 60 [페이지 설정]-[여백]에서 [페이지 가운데 맞춤] 설정화면

인쇄의 마지막 기능으로 [머리글/바닥글] 옵션이 있다. [페이지 설정]-[머리글/바닥글]에서 [머리글 편집] 또는 [바닥글 편집]을 하게 되면, 머리글 또는 바닥글에 페이지 번호, 날짜, 작성자, 파일명, 그림 등을 삽입할 수 있는 옵션이다. 삽입할 수 있는 여러 가지 옵션 중 [페이지 번호]가 단연 많이 활용된다. 회사로고 등을 삽입할 때 가끔 [그림] 옵션이 활용되는 경우가 있다. [페이지 번호]를 삽입할 때는 일반적으로 바닥글에 삽입하게 된다. 이때 가운데 구역에 마우스 포인트를 놓고, [현재 페이지 번호]를 클릭한 후, "/"을 하나 입력하고, [전체 페이지 번호]를 클릭하면, "1/5"처럼 삽입된다. 앞의 숫자가 현재 페이지 번호이고, 뒤 페이지 번호가 전체 페이지가 된다. "/" 기호 또는 "~" 등의 기호를 삽입하여 현재 페이지와 전체 페이지를 구분해두면 좋다. 그렇지 않으면 "15"처럼 페이지 번호가 삽입된다. 그리고 [머리글/바닥글]에서 경험상 다른 옵션은 별로 권하지 않는다. 예를 들어, [날짜] 또는 [시간]의 경우 "=today()" 또는 "=now()"라는 함수가 들어간다. 그런데 일반적으로 날짜라 함은 작성자가 본 엑셀파일을 작성한 날짜를 삽입하는 경우이나, [날짜] 또는 [시간] 옵션을 삽입하게 되면, 본 엑셀 파일을 여는 현재의 시점이 적용되어, 작성한 날짜와는 다른 의도가 표시될 수도 있다. 김 대리가 밤 늦게까지 엑셀을 이용하여 중요한 보고서를 완성하였는데, [머리글/바닥글]-[날짜]옵션을 삽입하였다. 그리고 다음 날 아침,

엑셀파일을 열어 출력한 후 상사에게 보고하였다. 그런데 상사로부터 "어제 늦게까지 (힘들게) 작성했다고 이야기했는데, (보고서에 입력된 오늘 날짜를 보면서) 오늘 아침에 작성한 모양이네 (어젯 밤에 한잔한 거 아니야)..." 이렇게 오해를 낳을 수 있는 것이다. 또한 [파일]과 [경로]의 옵션도 굳이 출력 시에 포함될 필요가 없다고 생각한다. 굳이 내 컴퓨터의 작업경로를 알려주는 것이 찜찜하지 않은가?

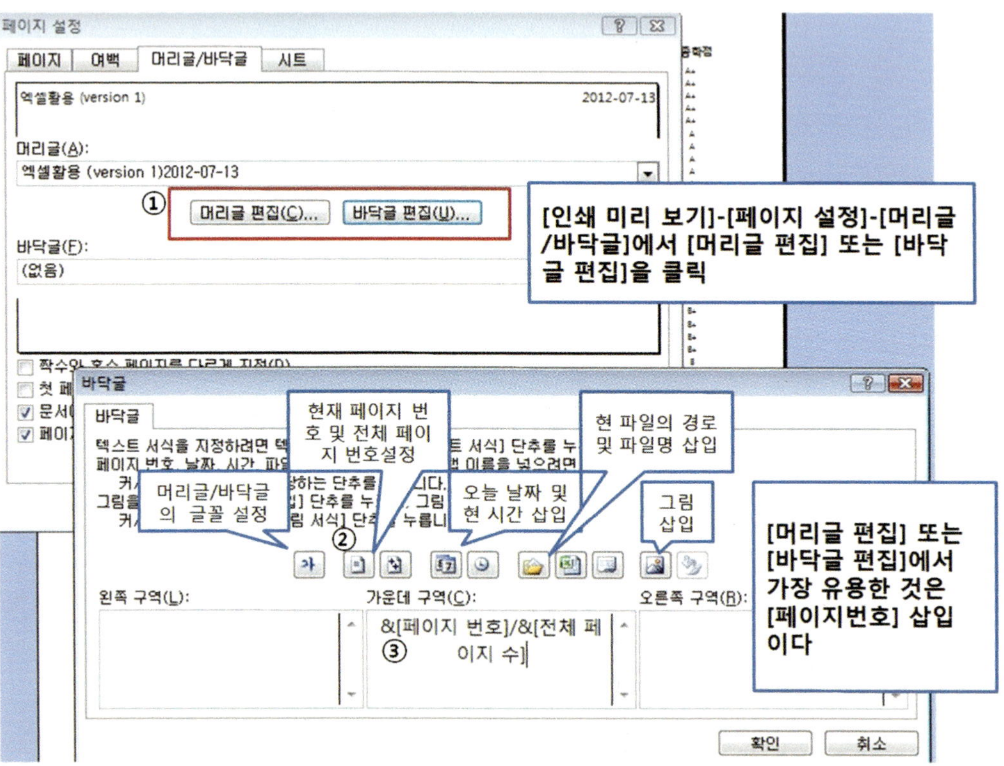

그림 61 [페이지 설정]-[머리글/바닥글]에서 [머리글 편집] 또는 [바닥글 편집] 설정화면

순번(Numbering)을 다는 요령

회원관리, 직원관리, 물품관리 등 많은 자료를 정리하다 보면 순번을 기록하는 것이 참 편리한 경우가 많다. 아래의 그림은 순번이 입력되어 있는데 엑셀에서 이렇게 순번을 입력할 때에도 매우 편리한 2가지의 기능을 제공하고 있다. 엑셀에서 순번을 입력하는 2가지의 경우를 모두 알아보자.

학생성적표										
순번	학년	이름	레포트1	레포트2	중간고사	기말고사	발표점수	출석	총점	최종학점
1	2	진영희	9	10	18	20	30	10	97	A+
2	2	이슬기	9	9	18	20	30	10	96	A+
3	2	문다예	8	9	19	20	29	10	95	A+
4	2	김지원	10	9	18	20	28	10	95	A+
5	2	김지원	9	10	19	20	27	10	95	A+
6	2	김원희	10	10	19	20	26	10	95	A
7	2	최승현	10	10	20	20	25	10	95	A
8	2	이나영	9	9	20	17	27	10	92	A
9	2	유지태	7	10	18	18	28	10	91	A
10	2	김국진	7	9	19	19	27	10	91	A
11	2	원빈	8	8	17	20	27	10	90	A
12	2	이한결	8	8	17	20	27	10	90	A
13	2	박하선	9	10	17	20	24	10	90	A
14	2	신주원	10	9	19	19	23	10	90	B+
15	2	정경호	9	10	17	18	25	10	89	B+
16	2	박중훈	8	9	20	20	24	8	89	B+
17	2	송혜교	8	8	18	17	26	10	87	B+
18	2	이진실	10	9	18	16	23	10	86	B+
19	2	고아라	9	8	18	20	22	9	86	B+
20	2	이순재	8	9	16	17	25	10	85	B+
21	2	차인표	8	10	18	20	24	5	85	B+
22	2	이연희	9	9	20	20	23	4	85	B+
23	2	김희선	9	8	20	19	22	7	85	B+
24	2	이병현	9	10	18	20	20	8	85	B
25	2	김자옥	8	7	19	18	22	9	83	B
26	2	신현준	9	10	17	16	21	10	82	B

그림 62 순번이 입력된 자료화면

엑셀에서 순번을 입력하는 방법은 너무나 쉽고 간편하다. 워드 프로세서에서 순번을 입력한다면, 그리고 그 수가 100명(개)만 되어도 일일이 입력하는 것이 얼마나 힘들지 생각해보라. 아무리 타이핑 속도가 빨라도 1부터 100까지의 숫자를 입력하려면 최소한 1분 정도는 소요될 것이다. 엑셀에서는 크게 두 가지의 순번 입력 방법이 있다. 첫째는 "연속 복사하기"를 통해 숫자를 자동 채우는 것이고, 두 번째는 "=row()"함수를 이용하는 것이다. 아니면 두 가지의 방법을 모두 이용하여 각각의 순번을 기록할 수도 있다. 두 가지 입력방법의 차이점도 함께 알아두면 좋다.

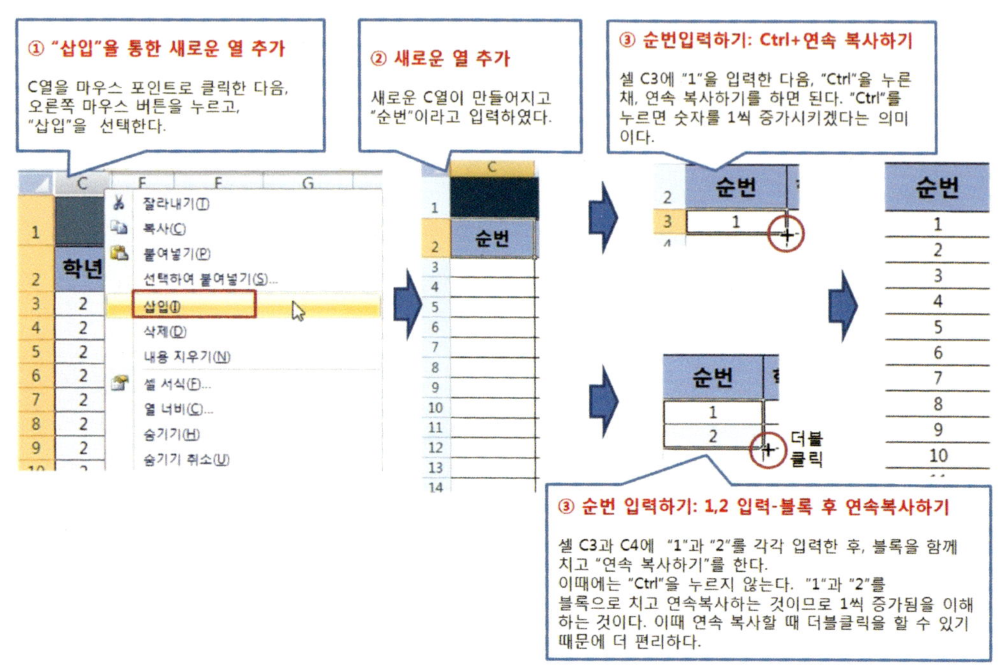

그림 63 "연속 복사하기"를 통해 순번 입력하기. 연속 복사하기에서 Ctrl를 함께 이용하면 "1"씩 숫자가 증가된다. 그렇지만 연속복사할 때 더블클릭을 할 수 없어 불편하다. 그래서 "1"과 "2"를 각각 입력한 후, 함께 블록을 형성하고 더블클릭을 통해 연속 복사하기를 하면 더욱 편리하다. 가장 끝 번호까지 순번이 입력된다.

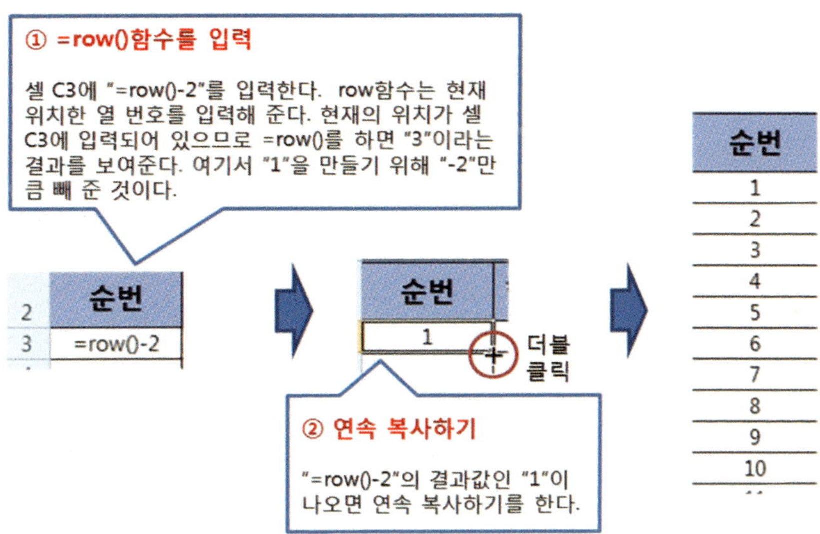

그림 64 "=row()"함수를 이용한 순번 입력하기. row()함수는 현재 마우스 포인트가 위치한 열번호를 입력해준다. 위에서 "=row()-2"를 입력한 것은 현재 셀 C3부터 "1"이 시작하므로 2를 빼준 것이다.

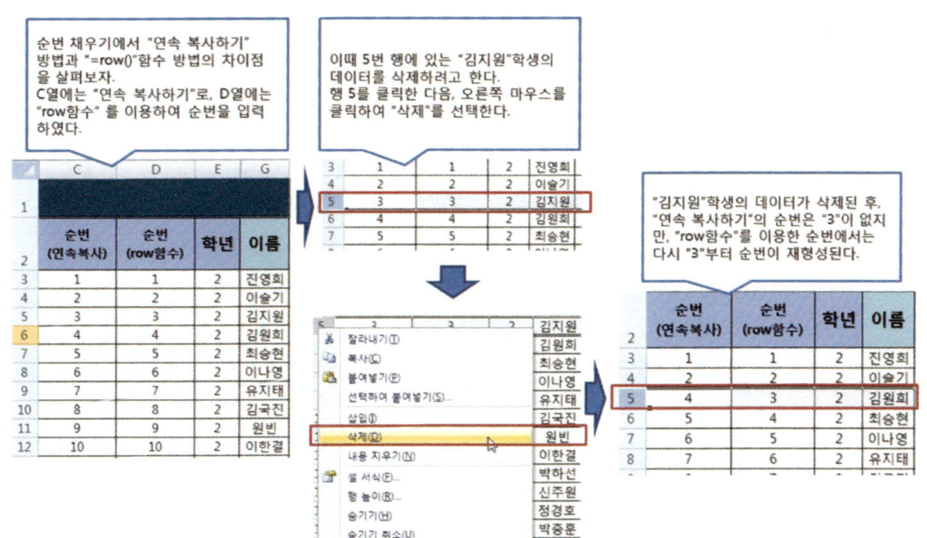

그림 65 순번 입력 시, "연속 복사하기" 방법과 "=row()"함수를 이용한 방법의 차이점. row함수를 이용하여 순번을 채울 때에는 입력되어 있는 데이터가 삭제되어도 아래의 순번이 새롭게 시작된다. 새로운 행(또는 열)이 추가되거나 삭제될 때, 순번의 의미가 전체 몇 명인지가 중요할 경우에는 row함수를 이용하여 순번을 매기는 것이 좋다. 왜냐하면 순번이 삭제되거나 추가될 경우, 일일이 순번을 새롭게 설정하지 않아도 된다. 그러나 순번의 의미가 지원번호와 같이 고정값의 성격일 때는 "연속 복사하기"를 통해 순번을 기록하자.

엑셀의 분석기능으로
축구 대표선수를 선발하라

엑셀의 분석기능은 함수만큼이나 방대하고 세부적이다. 여기서는 엑셀의 핵심적인 분석기능들을 살펴보도록 하자. 정렬, 부분합, 필터링, 차트가 핵심적인 분석기능으로 분류된다. 사실 이 정도 분석기능만을 제대로 익혀둔다면 어떠한 실무에서도 모두 활용 가능하다. 분석기능에서 다루어질 예제는 인재를 평가하는 것이다. 어떠한 인재를 등용하고, 적재적소에 배치하는 것이 좋을까? 사람을 숫자로 평가할 수는 없지만, 그 사람의 업무성과는 대부분 숫자로 평가된다. 이제는 인재의 조건 중 하나로 소셜 네트워크에서 형성되어 있는 지인(친구)의 숫자가 평가되기도 한다. 90년대 내 친구 중 한 명은 그 당시 PC통신의 대명사인 하이텔(KT의 Paran.com의 전신 서비스였으나, 현재 KT의 서비스 중단으로 역사 속으로 사라짐)의 시삽으로 열심히 활동하였다. 그 덕에 그 친구는 졸업 후 대기업에 취업하는 행운도 함께 누렸다. 90년대만 하더라도 인터넷은 모뎀(modem)을 통해 전화선을 함께 사용하던 시절이었다. 인터넷을 사용하는 것은 전화를 사용하는 것과 동일하였기 때문에 PC통신을 통해 채팅을 하거나, 홈페이지 제작 등을 하다가 며칠 밤을 새다 보면, 한 달 전화요금이 수십만 원이 나오기도 하였다.

엑셀의 분석기능을 이해하기 위해 인재 평가 중 축구선수들을 한번 평가해보고자 한다. 축구를 잘 몰라도 관계없다. 단지 공격수와 수비수가 있다는 사실만 알아두고, 이제부터 엑셀의 핵심적인 분석기능들을 알아보도록 하자.

엑셀분석의 기본! 정렬

아래의 그림은 수업시간에 활용되는 축구선수들의 데이터들이다. 총 270명의 선수들에 대한 정보가 입력되어 있다. 소속 구단, 포지션, 출생연도, 신장과 같은 기본적 인적사항부터 지구력, 체력, 잠재력, 리더십, 슈팅정확도, 슈팅파워, 프리킥, 드리블 등 축구와 관련된 능력 평가치가 입력되어 있다. 스포츠가 갈수록 과학화되고 있는 것은 익히 알고 있는 사실이다. 특히 축구와 같이 개인적 능력뿐 아니라 11명 선수가 함께 펼치는 팀 스포츠의 경우에는 전략과 전술이 무엇보다 중요하다. 이제부터 여러분은 축구 전략분석가가 되어서 환상의 드림팀을 구성해볼 것이다. 우선 분석을 위한 가장 기본적인 기능은 정렬이다. 정렬은 크게 오름차순(ㄱ→ㅎ, 작은 것에서 큰 순서)과 내림차순(ㅎ→ㄱ, 큰 것부터 작은 순)으로 구분된다. 정렬만으로도 우리는 필요한 정보를 분석할 수 있다. 예를 들어, 원하는 선수(사람)를 빨리 찾을 수도 있고, 신장(키)이 큰 선수부터 파악할 수도 있다. 또는 포지션별로 그룹핑한 다음, 지구력이 좋은 선수부터 찾을 수도 있다.

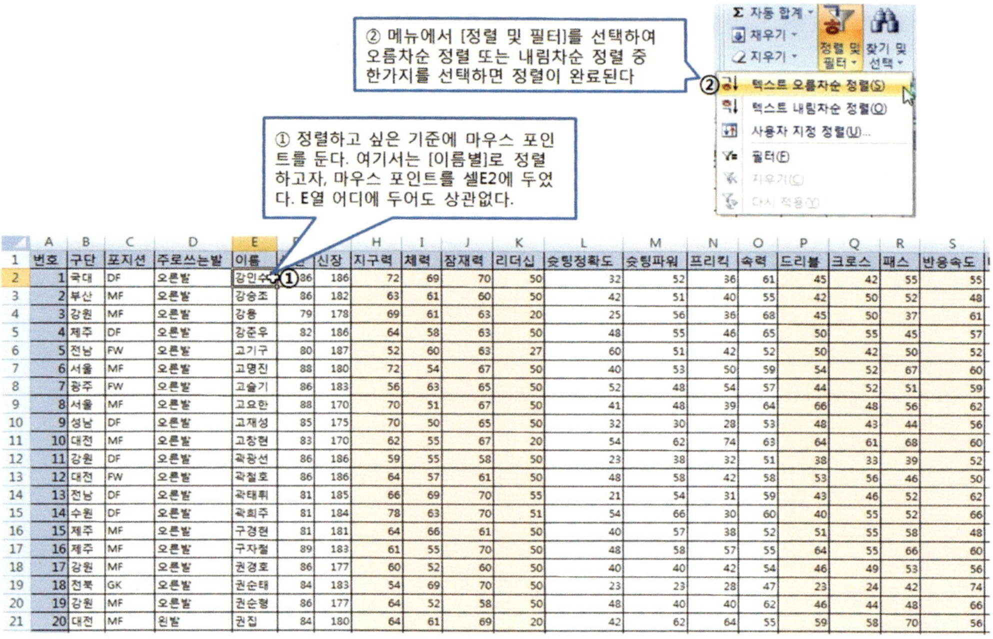

번호	구단	포지션	주로쓰는발	이름		신장	지구력	체력	잠재력	리더십	숫팅정확도	숫팅파워	프리킥	속력	드리블	크로스	패스	반응속도
1	국대	DF	오른발	강민수	86	186	72	69	70	50	32	52	36	61	45	42	55	55
2	부산	MF	오른발	강승조	86	182	63	61	60	50	42	51	40	55	42	50	52	48
3	강원	MF	오른발	강용	79	178	69	61	63	20	25	56	36	68	45	50	37	61
4	제주	DF	오른발	강준우	82	186	64	58	63	50	48	55	46	65	50	55	45	57
5	전남	FW	오른발	고기구	80	187	52	60	63	27	60	51	42	52	50	42	50	52
6	서울	MF	오른발	고명진	88	180	72	54	67	50	40	53	50	59	54	52	67	60
7	광주	FW	오른발	고슬기	86	183	56	63	65	50	52	48	54	57	44	52	51	59
8	서울	MF	오른발	고요한	88	170	70	51	67	50	41	48	39	64	66	48	56	62
9	성남	DF	오른발	고재성	85	175	70	50	65	50	32	30	28	53	48	43	44	56
10	대전	MF	오른발	고창현	83	170	62	55	67	20	54	62	74	63	64	61	68	60
11	강원	DF	오른발	곽광선	86	186	59	55	58	50	23	38	32	51	38	33	39	52
12	대전	FW	오른발	곽철호	86	186	64	57	61	50	48	58	42	58	53	56	46	50
13	전남	DF	오른발	곽태휘	81	185	66	69	70	55	21	54	31	59	43	46	52	62
14	수원	DF	오른발	곽희주	81	184	78	63	70	51	54	66	30	60	40	55	52	66
15	제주	MF	오른발	구경현	81	181	64	66	61	50	40	57	38	52	51	55	58	48
16	제주	MF	오른발	구자철	89	183	61	55	70	50	48	58	57	55	64	55	66	60
17	강원	MF	오른발	권경호	86	177	60	52	60	50	40	40	42	54	46	49	53	56
18	전북	GK	오른발	권순태	84	183	54	69	70	50	23	23	28	47	23	24	42	74
19	강원	MF	오른발	권순형	86	177	64	52	58	50	48	40	40	62	46	44	48	66
20	대전	MF	왼발	권집	84	180	64	61	69	20	42	62	64	55	59	58	70	56

그림 66 엑셀의 텍스트 정렬. 정렬하고 싶은 기준에 마우스 포인트를 두고, 오름차순 또는 내림차순을 선택해주면 끝이다.

정렬을 하기 전에 꼭 이해할 부분은 정렬의 기준을 설정하는 일이다. 정렬의 기준이란 어떤 기준을 가지고 오름차순 또는 내림차순을 할 것인지를 결정하는 일이다. 아래의 그림에서는 정렬기준을 [이름]으로 두었다. 그래서 [이름] 데이터가 정리된 E열에 마우스 포인트를 두고 메뉴에서 [정렬 및 필터]를 선택한 후, 오름차순으로 정렬한 것이다. 숫자 데이터를 정렬하는 것도 동일하다. [신장]이 큰 순서부터 정렬하려면 마우스 포인트를 [신장] 데이터인 G열 중 하나의 셀에 마우스 포인트를 두고 [내림차순]으로 정렬하면 된다. 이렇게 정렬을 하기 위해서는 정렬기준을 마우스 포인트로 클릭만 하면 된다. 매우 간단하다.

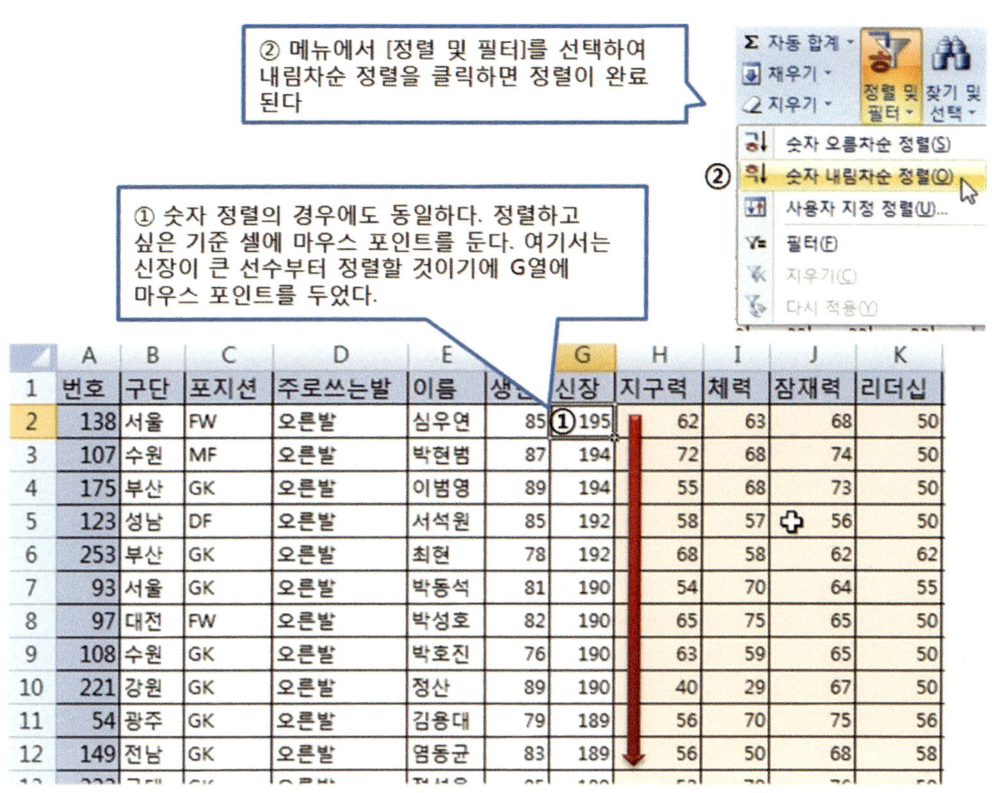

	A	B	C	D	E		G	H	I	J	K
1	번호	구단	포지션	주로쓰는발	이름	생년	신장	지구력	체력	잠재력	리더십
2	138	서울	FW	오른발	심우연	85	195	62	63	68	50
3	107	수원	MF	오른발	박현범	87	194	72	68	74	50
4	175	부산	GK	오른발	이범영	89	194	55	68	73	50
5	123	성남	DF	오른발	서석원	85	192	58	57	56	50
6	253	부산	GK	오른발	최현	78	192	68	58	62	62
7	93	서울	GK	오른발	박동석	81	190	54	70	64	55
8	97	대전	FW	오른발	박성호	82	190	65	75	65	50
9	108	수원	GK	오른발	박호진	76	190	63	59	65	50
10	221	강원	GK	오른발	정산	89	190	40	29	67	50
11	54	광주	GK	오른발	김용대	79	189	56	70	75	56
12	149	전남	GK	오른발	염동균	83	189	56	50	68	58

그림 67 엑셀의 숫자 정렬

그런데 정렬의 기준이 두 개 이상일 경우에는 어떻게 할까? 이때에는 [정렬] 메뉴를 이용하여 정렬 기준을 추가해주면 된다. 예를 들어 포지션(축구의 포지션은 FW, MF, DF, GK로 크게 분류된다. FW는 공격수, MF는 미드필드, DF는 수비수, GK는 골키퍼가 된다)별로 정렬한 다음, 지구력이 좋은 선수들을 찾아보자.

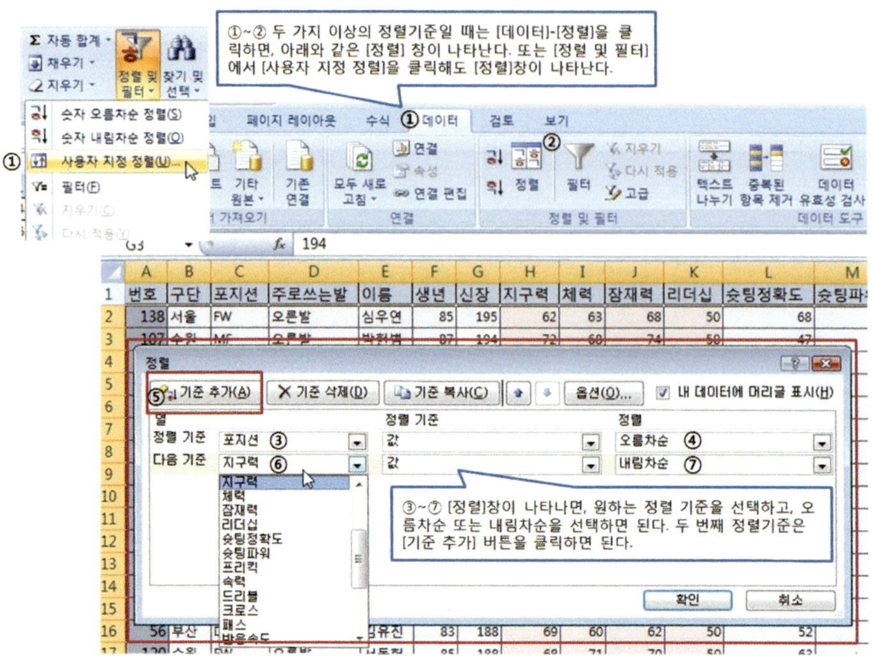

그림 68 두 가지 이상의 정렬기준을 가질 때. [데이터]-[정렬] 메뉴를 선택하여 [정렬] 창에서 정렬 기준을 추가해주면 된다.

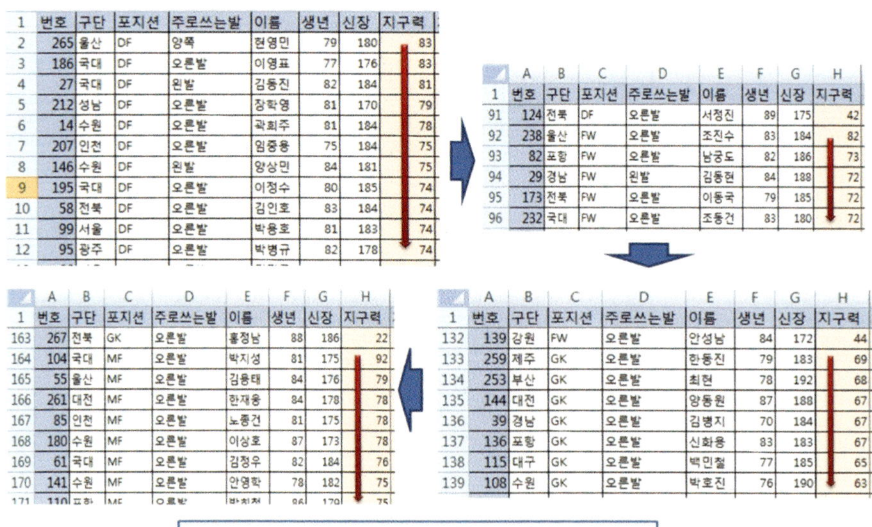

그림 69 〈그림 68〉의 연속화면. 포지션별로 오름차순으로 정렬한 다음, 두 번째 정렬기준인 지구력은 내림차순으로 정렬하였다.

이러한 과정을 거쳐 정렬을 수행하면, 그 결과로 포지션별 정렬이 우선 수행된다. 다시 말해 DF, FW, GK, MF 순(오름차순)으로 일차 정렬되는데, 이는 포지션별로 그루핑된다는 의미이다. 한 가지 꼭 기억할 사항은 정렬이라는 것이 "=rank()"함수와 같이 순위를 결정하는 기능을 담당하기도 하지만, 같은 데이터끼리 하나의 그룹을 형성해주는 그루핑 역할도 할 수 있다는 것이다. 이 기능은 다음으로 배우게 될 부분합의 핵심이기 때문에 꼭 기억해두어야 한다. 엑셀의 정렬기능은 매우 간단한 기능이지만, 무엇보다 손쉽고 편리한 분석 기능 중 하나임을 꼭 기억해두자.

	A	B	C
1	A	1	100
2	A	2	200
3	B	3	300
4	B	1	400
5	B	2	500
6	C	3	600
7	C	5	700
8	C	1	800
9	A	2	900
10	A	3	1000
11	D	4	1100
12	D	1	1200
13	D	2	1300
14	C	3	1400
15	C	5	1500
16	B	4	1600

E	F	G
A	1	100
A	2	200
A	2	900
A	3	1000
B	1	400
B	2	500
B	3	300
B	4	1600
C	1	800
C	3	600
C	3	1400
C	5	700
C	5	1500
D	1	1200
D	2	1300
D	4	1100

정렬 기준이 3개일 때. 위 예에서 1차 정렬은 A, B, C, D로 오름차순 정렬되고, 2차 정렬은 A 그룹 내에서 1, 2, 3으로 오름차순 정렬된다. 3차 정렬은 같은 숫자 그룹인 2에서만 200과 900이 오름차순 정렬된다 (B, C, D 그룹도 동일하나, B와 D그룹은 2차 정렬 결과에서 같은 그룹이 없어 3차 정렬이 수행되지 않는다).

그림 70 정렬 기준이 3개일 때. 2차 정렬은 1차 정렬의 같은 그룹 내에서 수행되고, 3차 정렬 역시 2차 정렬의 같은 그룹 내에서 수행된다.

다시 한 번 정렬을 정리해보자. 정렬 기준이 하나일 때는 정렬기준으로 삼고 싶은 셀에 마우스 포인트를 두고 오름차순 또는 내림차순을 선택하면 완료된다. 일반적으로 정렬을 하고 싶은 특정 데이터 영역이 있을 경우에는 먼저 블록을 치고 정렬을 수행하면 된다. 그러나 입력된 데이터 전체를 정렬하고 싶다면 블록을 치지 않더라도 정렬이 수행된다. 다음으로 정렬 기준이 2개 이상일 경우에는 [데이터]-[정렬] 메뉴를 통해 정렬 기준을 추가해주면 된다. 만약 3개의 정렬 기준이 존재한다면, 2차 정렬은 1차 정렬 결과 중 같은 그룹 내에서만 정렬이 수행되고, 3차 정렬 역시 2차 정렬 결과 중 같은 그룹 내에서만 정렬이 수행됨을 기억해야 한다. 이를 <그림 70>에서 설명하였다.

정렬하여 부분합 구하기

다음으로 부분합에 대해 알아보자. 부분합이란 부분(sub)과 합(total)의 합성어이다. 쉽게 말하자면, 같은 데이터끼리 그룹화한 후, 각 그룹별로 합계를 구할 수 있는 기능이다. 그런데 부분합이라고 해서 합계만 구할 수 있는 것은 아니고, 개수(=count()), 평균(=average()), 최대(=max()), 최소(=min()), 곱, 표준편차, 분산 등을 구할 수 있다. 앞서 정렬에서 살펴보았듯이 포지션별로 정렬한다는 의미는 같은 포지션별로 그룹화하는 것을 말한다. 부분합을 수행하기 전에 반드시 정렬을 하여 같은 데이터끼리 그룹을 형성해야 한다. 만약 정렬을 하지 않고 부분합을 실행하게 되면 <그림 71>처럼 도저히 분석할 수 없는 부분합이 된다. 부분합에서 흔히 일어나는 실수이다. 부분합을 실행하기 전에 반드시 정렬을 먼저 해두자.

번호	구단	포지션	주로쓰는발	이름	생년	신장	지구력	체력	잠재력	리더십
1	국대	DF	오른발	강민수	86	186	72	69	70	50
		DF 평균					72			
2	부산	MF	오른발	강승조	86	182	63	61	60	50
3	강원	MF	오른발	강용	79	178	69	61	63	20
		MF 평균					66			
4	제주	DF	오른발	강주은	83	186	64	58	63	50
		DF 평균					64			
5	전남	FW	오				52	60	63	27
		FW 평균					52			
6	서울	MF	오				72	54	67	50
		MF 평균					72			
7	광주	FW	오				56	63	65	50
		FW 평균					56			
8	서울	MF	오른발	고요한	88	170	70	51	67	50
		MF 평균					70			
9	성남	DF	오른발	고재성	85	175	70	50	65	50
		DF 평균					70			

번호	구단	포지션	주로쓰는발	이름	생년	신장	지구력	체력	잠재력
92		DF 평균					65.611111		
134		FW 평균					63.146341		
166		GK 평균					52.677419		
279		MF 평균					64.723214		
280							63.4	58.7	65.4
281							63.0	59.0	65.0
282		전체 평균					63.4		

그림 71 잘못된 부분합과 올바른 부분합의 비교. 부분합을 수행하기 위해서는 반드시 정렬을 통해 같은 데이터끼리 그룹화가 이루어져야 한다.

본 예제에서는 축구선수의 데이터를 이용하여 포지션별 지구력 점수의 평균을 구해보도록 하자. 앞서 강조되었지만, 우선 포지션별 평균을 구하기 위해 먼저 포지션에 대한 정렬을 수행한다. 정렬을 할 때에는 오름차순이 되었든, 내림차순이 되었든 상관없다. 왜냐하면 순서대로 데이터를 보여주는 목적이 아니라, 정렬을 통해 같은 데이터끼리 그룹을 형성하는 것이 목적이기 때문이다. <그림 72>처럼 이제 DF, FW, GK, MF별로 데이터가 그룹화되었다. 다음으로 부분합을 실행하기 위해 메뉴의 [데이터]-[부분합]을 차례대로 클릭하자. 그러면 [부분합] 창이 생성된다. 이제부터 <그림 72>와 같이 순서대로 진행하면 된다. 먼저 [그룹화할 항목]을 지정한다. 주의할 점은 모든 항목의 기본값은 제일 처음에 보이는 표의 제목(항목)이 된다. 본 예에서는 <그림 71>과 같이 [번호] 항목이 제일 처음이므로 [부분합]-[그룹화할 항목]에서도 "번호"가 먼저 보일 것이다. 그러므로 이를 "포지션"으로 변경해두자. 다음은 [사용할 함수]이다. 여기서도 [합계]가 먼저 보인다. 우리는 [평균]을 구할 것이므로 사용할 함수도 [평균]으로 변경해두자. 마지막으로 [평균]을 적용할 [계산 항목]을 선택하면 된다. 본 항목은 당연히 숫자 항목만 체크되어야 한다. 문자 데이터는 평균을 구할 수 없다. [계산 항목]에서는 다수를 선택 가능하도록 체크박스가 되어 있다. 원하는 항목을 선택하면 된다. 그리고 확인 버튼을 클릭하면 부분합이 적용된다.

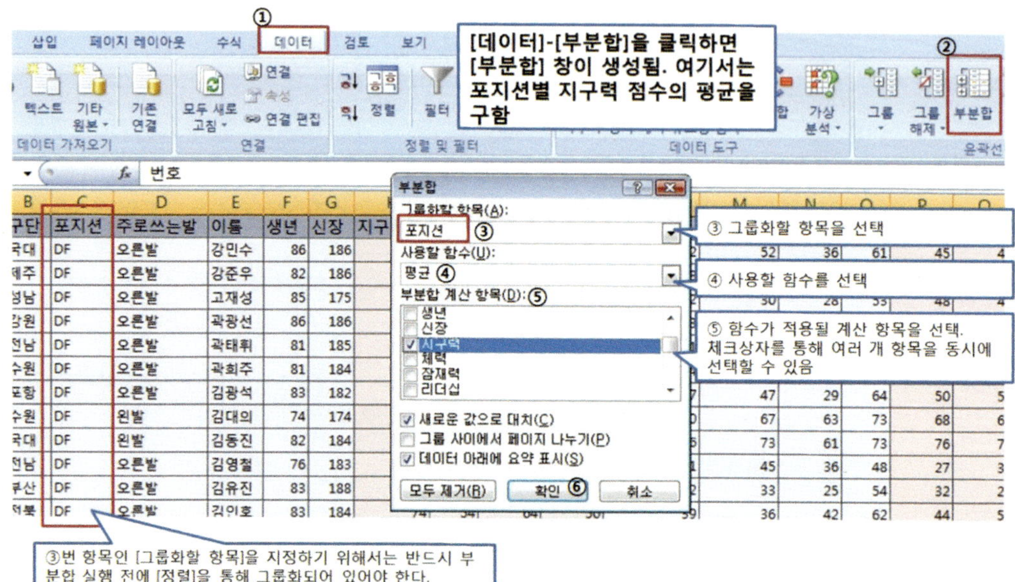

그림 72 부분합 실행화면. [데이터]-[부분합]을 차례대로 선택한 뒤, [부분합] 창에서 [그룹화할 항목]-[사용할 함수]-[부분합 계산 항목]을 지정하면 된다.

부분합을 실행하면 반드시 <그림 73>과 같이 윤곽기호가 표시된다. 윤곽기호는 [1] [2] [3]처럼 숫자로 표시되는데, [1]은 전체합, [2]는 부분합, [3]은 전체 데이터를 순서대로 보여준다. 다시 말해, 숫자가 클수록 상세한 데이터를 보여주는 것이다. 일반적으로 부분합을 적용하는 이유는 그룹별로 적용된 함수결과를 보고 싶기 때문이다. 그래서 <그림 73>에서는 윤곽기호 중 [2]를 클릭하여 그룹별 지구력 점수에 대한 평균값을 볼 수 있도록 하였다.

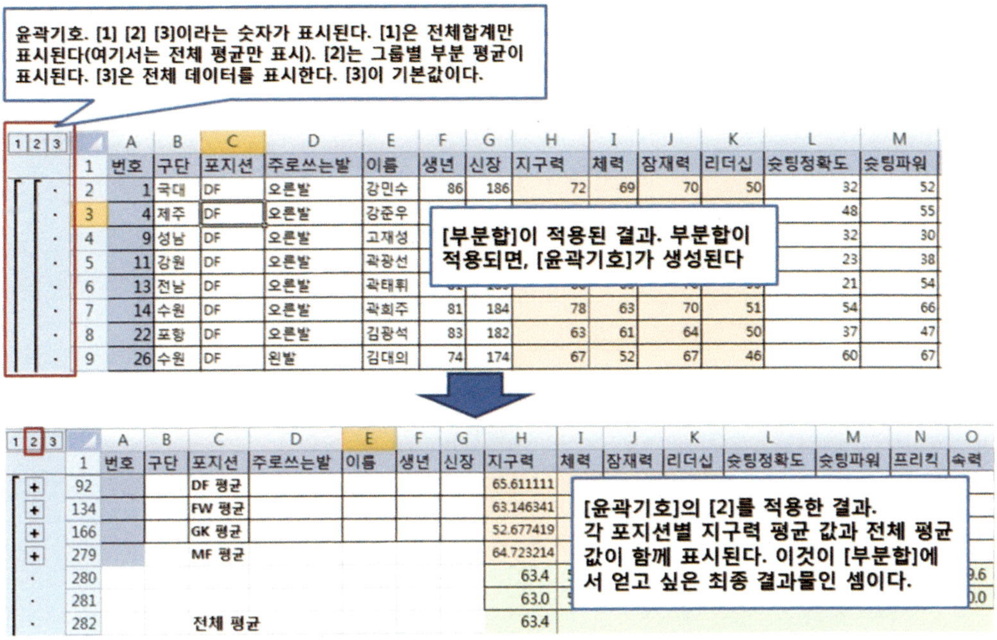

번호	구단	포지션	주로쓰는발	이름	생년	신장	지구력	체력	잠재력	리더십	슛팅정확도	슛팅파워
1	국대	DF	오른발	강민수	86	186	72	69	70	50	32	52
4	제주	DF	오른발	강준우							48	55
9	성남	DF	오른발	고재성							32	30
11	강원	DF	오른발	곽광선							23	38
13	전남	DF	오른발	곽태휘							21	54
14	수원	DF	오른발	곽희주	81	184	78	63	70	51	54	66
22	포항	DF	오른발	김광석	83	182	63	61	64	50	37	47
26	수원	DF	왼발	김대의	74	174	67	52	67	46	60	67

번호	구단	포지션	주로쓰는발	이름	생년	신장	지구력	체력	잠재력	리더십	슛팅정확도	슛팅파워	프리킥	속력
92		DF 평균					65.611111							
134		FW 평균					63.146341							
166		GK 평균					52.677419							
279		MF 평균					64.723214							
280							63.4							9.6
281							63.0							0.0
282		전체 평균					63.4							

그림 73 〈그림 72〉의 연속화면. 부분합이 적용되면 [윤곽기호]가 생성된다. 윤곽기호 [1]은 전체 합계가 표시, [2]는 그룹별 부분 합계, [3]은 전체 데이터가 표시된다.

적용된 부분합을 제거하고 싶을 때에는 마우스 포인트를 적용된 부분합 영역에 클릭한 후, [데이터]-[부분합]을 차례대로 클릭하고, [모두 제거] 버튼을 클릭하면 적용된 부분합이 제거되고 부분합 적용 이전의 데이터로 돌아온다.

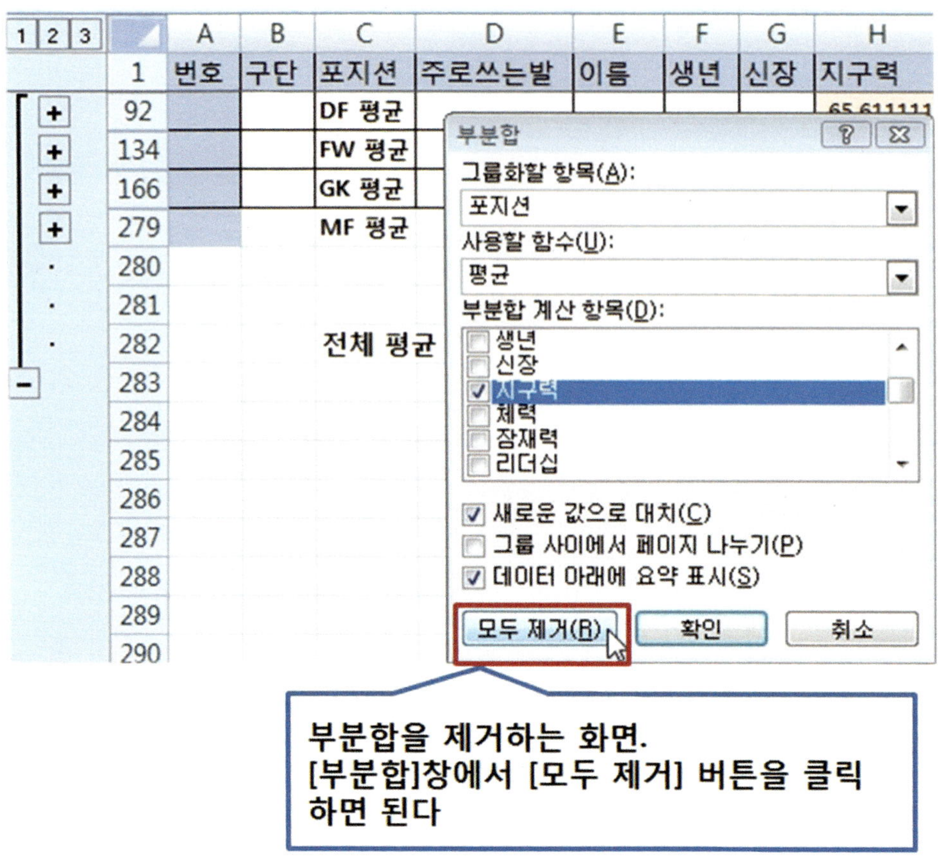

그림 74 부분합 제거하기. [부분합] 창에서 [모두 제거]를 클릭하면 [윤곽기호] 등 부분합
이 모두 제거되고, 원 데이터로 돌아온다.

부분합은 합계, 평균 등 2개 이상의 함수를 계속해서 적용할 수 있다. 예를 들어
축구선수 데이터에서 구단별로 정렬한 다음, 구단별 체력점수의 합계 함수를 적용
한 뒤, 다시 이번에는 잠재력 점수에 대한 구단별 평균 함수를 적용할 수 있다. 이에
대한 적용과정이 <그림 75>에 표현되어 있다. 이렇게 부분합에서 2개 이상의 함수
를 누적하여 보여주고 싶을 때에는 한 가지 주의할 사항이 있다. 첫 번째 부분합이
적용된 다음, 두 번째 부분합을 적용할 때 [부분합] 옵션 창에서 [새로운 값으로 대
치]라는 옵션 체크를 반드시 해제시켜야 한다. 본 값은 기본값으로 체크가 되어 있
기 때문에 본 옵션의 체크를 해제시키지 않을 경우 앞서 적용된 부분합 결과가 새

로운 부분합 결과로 대치되게 된다. 그러므로 2개 이상의 부분합 결과를 누적해서 보고 싶을 때에는 반드시 [새로운 값으로 대치] 옵션에 주목하도록 하자.

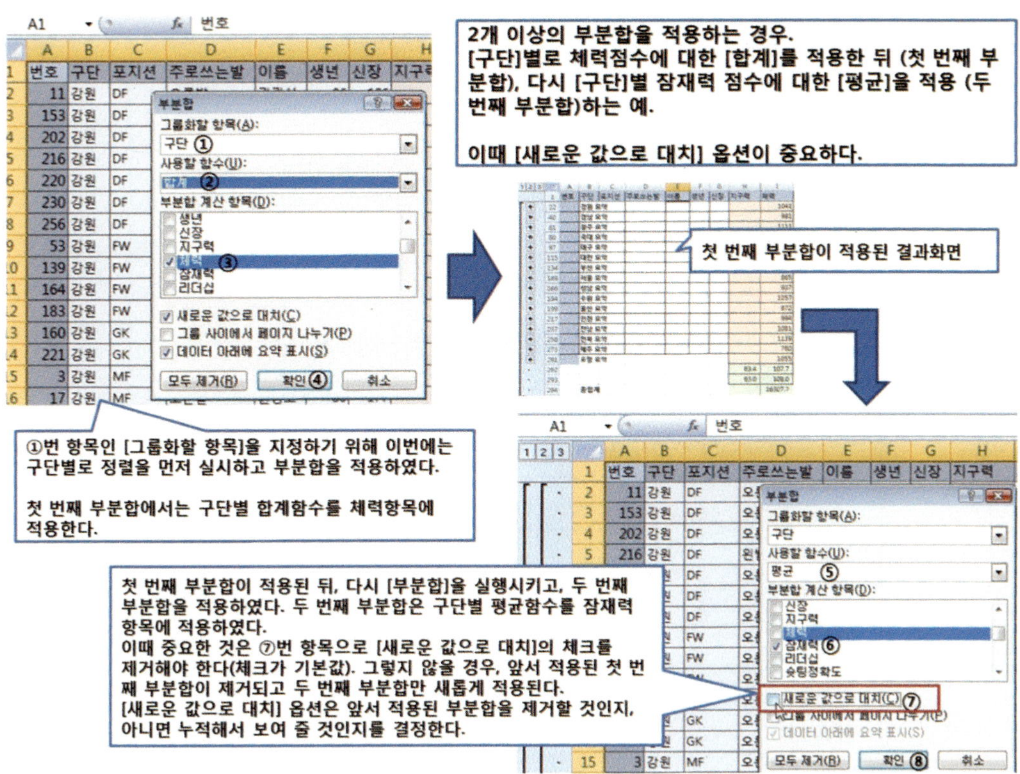

그림 75 두 개 이상의 부분합이 적용된 화면. 구단별 체력점수 합계와 구단별 잠재력 점수의 평균을 동시에 적용하였다. 이때 두 개의 부분합 결과를 누적해서 보여줄 경우, [부분합]창에서 [새로운 값으로 대치] 옵션의 체크를 제거해야 한다.

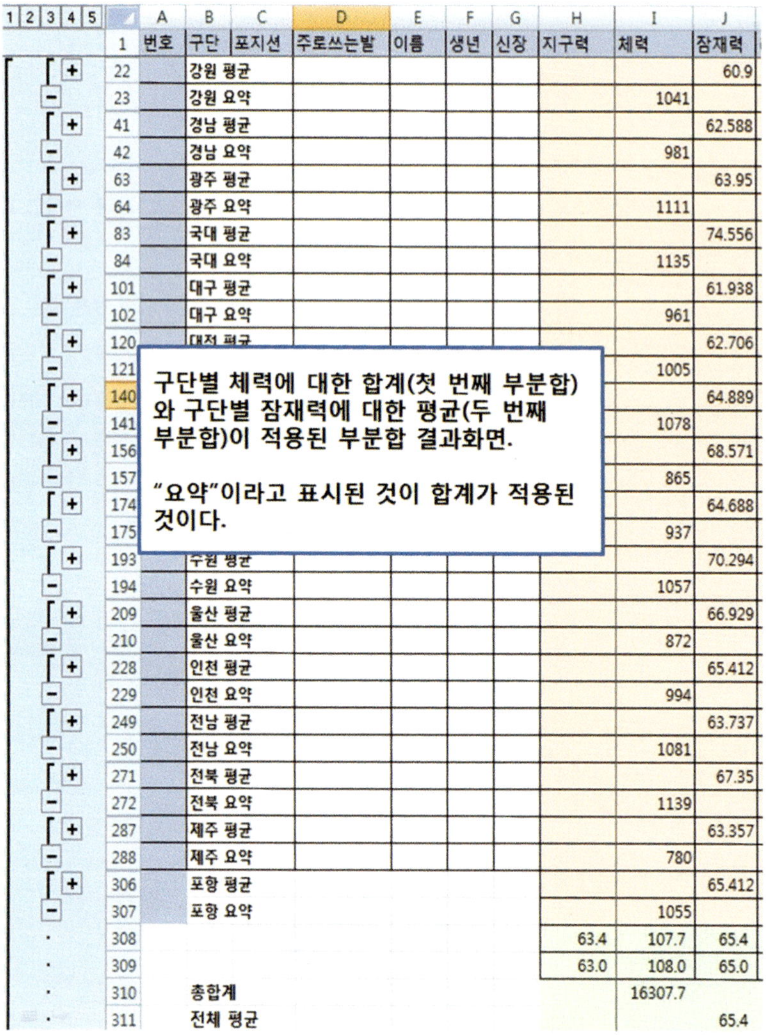

1 2 3 4 5		A 번호	B 구단	C 포지션	D 주로쓰는발	E 이름	F 생년	G 신장	H 지구력	I 체력	J 잠재력
+	22		강원 평균								60.9
−	23		강원 요약							1041	
+	41		경남 평균								62.588
−	42		경남 요약							981	
+	63		광주 평균								63.95
−	64		광주 요약							1111	
+	83		국대 평균								74.556
−	84		국대 요약							1135	
+	101		대구 평균								61.938
−	102		대구 요약							961	
+	120		대전 평균								62.706
−	121									1005	
+	140										64.889
−	141									1078	
+	156										68.571
−	157									865	
+	174										64.688
−	175									937	
+	193		수원 평균								70.294
−	194		수원 요약							1057	
+	209		울산 평균								66.929
−	210		울산 요약							872	
+	228		인천 평균								65.412
−	229		인천 요약							994	
+	249		전남 평균								63.737
−	250		전남 요약							1081	
+	271		전북 평균								67.35
−	272		전북 요약							1139	
+	287		제주 평균								63.357
−	288		제주 요약							780	
+	306		포항 평균								65.412
−	307		포항 요약							1055	
·	308								63.4	107.7	65.4
·	309								63.0	108.0	65.0
·	310		총합계							16307.7	
·	311		전체 평균								65.4

그림 76 〈그림 75〉의 연속화면. 두 개의 부분합(합계와 평균함수)이 적용된 결과화면

부분합이 적용된 결과를 복사하기

부분합이 적용된 다음, 이를 효과적으로 활용할 수 있는 한 가지 팁을 소개하고자 한다. 부분합은 기본적으로 입력된 데이터에 곧바로 적용되는 분석기능이므로 만약 다른 분석기능을 적용하거나 원 데이터를 유지해야 할 때, 부분합을 제거하여야 한다. 앞서 부분합을 제거하는 방법은 이미 살펴보았다. 부분합을 제거하면 부분합을 통해 얻은 그룹별 함수 결과가 저장되지 않으므로 다른 기능을 적용하기 전에 부분합 결과를 별도로 저장하여야 한다. 일반적으로 부분합의 결과를 저장하는 방법은 두 가지가 활용되는데, 첫째는 부분합이 적용된 워크시트 자체를 복사하는 것이고, 두 번째는 <그림 77>과 같이 그룹별 부분합 결과를 [복사하기 옵션]을 통해 복사하는 것이다. 두 가지 방법 모두를 <그림 77>부터 <그림 79>까지 설명하였다.

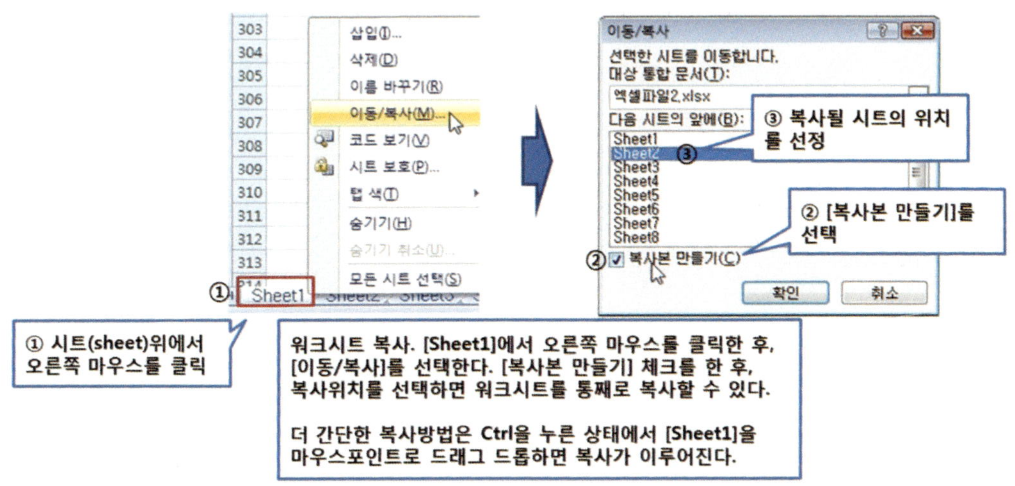

그림 77 부분합 결과를 복사하는 첫 번째 방법. 워크시트를 통째로 복사하기. Sheet 위에서 오른쪽 마우스를 클릭한 후, [이동/복사]-[복사본 만들기]를 선택하면 된다.

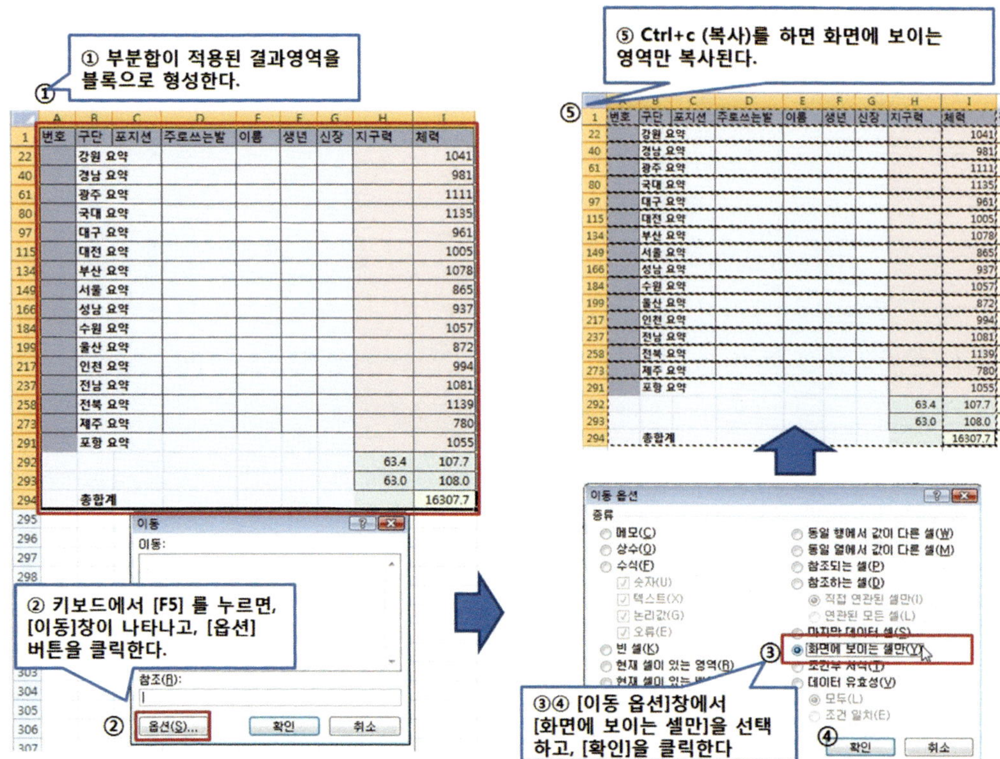

그림 78 부분합 결과를 복사하는 두 번째 방법. 부분합이 적용된 결과화면을 블록으로 형성한 다음, [F5]를 눌러 [이동]-[이동옵션]-[화면에 보이는 셀만]을 차례대로 선택한 뒤, Ctrl+c, Ctrl+v를 하면 된다. 이때 붙여지는 데이터는 [선택하여 붙여넣기]-[값]의 결과로 적용되는 수식은 제외되고 데이터값만 복사된다.

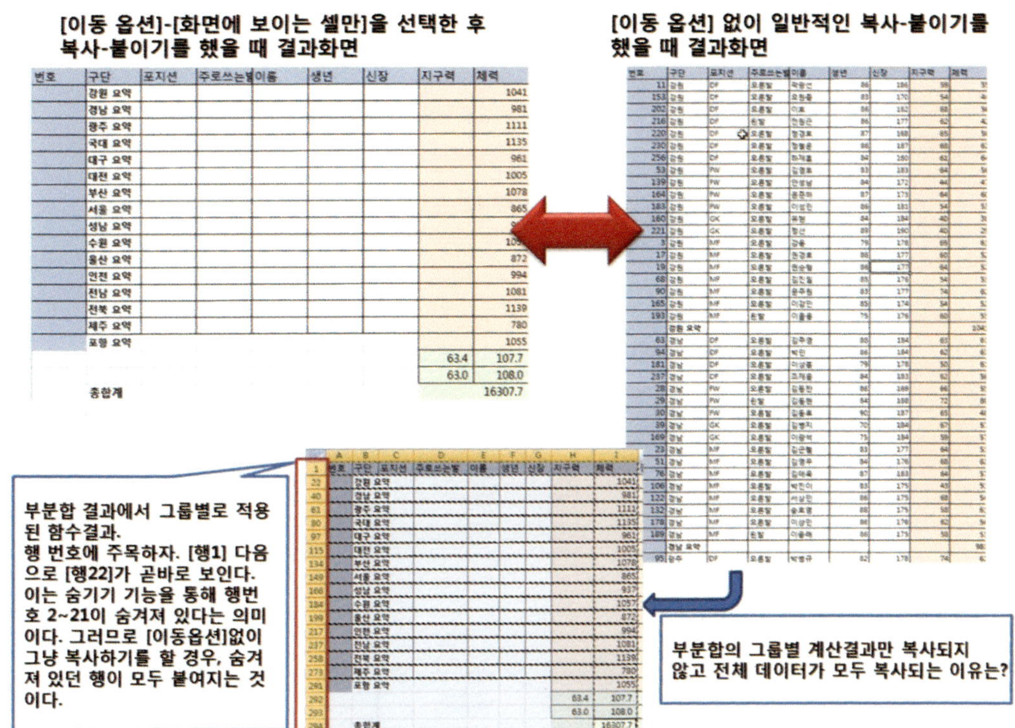

그림 79 〈그림 78〉의 연속화면. [이동옵션]-[화면에 보이는 셀만]을 선택한 후 복사붙여넣기를 했을 때의 결과 화면과 그렇지 않고 복사하기 했을 때의 결과 비교. 블록을 형성한 후 복사하가붙여넣기를 그냥 수행하면, 부분합 결과에서 숨기기 되어 있던 모든 행이 살아나 전체 데이터가 복사하여 붙여진다.

필터링으로 원하는 낚시를 해보자

엑셀의 필터기능은 가장 강력하지만 손쉽게 데이터를 분석할 수 있는 기능이 아닐까 싶다. 함수에서 vlookup함수가 검색기능을 담당하고 있는 것처럼, 분석기능 중 필터는 원하는 조건에 맞는 데이터를 추출할 수 있는 기능이다. 말 그대로 필터(filter)의 역할이다. 엑셀의 필터는 크게 두 가지로 구분된다. 자동필터와 고급필터. 본 내용에서는 자동필터를 중심으로 다룰 것이다. 역시 축구선수 데이터를 이용하여 필터를 활용할 것이다. 아래의 데이터는 축구선수 중 골키퍼 데이터만 뽑아 놓은 것이다. 골키퍼의 능력으로 핸들링, 반사신경, 다이빙, 지구력, 체력, 침착성, 잠재력, 리더십이 정리되어 있다.

	A	B	C	D	E	F	G	H	I	J	K
1	포지	주로쓰는!	이름	핸들링	반사신	다이빙	지구력	체력	침착성	잠재력	리더십
2	GK	오른발	김영광	72	70	71	46	67	60	79	42
3	GK	오른발	정성용	70	70	73	52	70	74	76	50
4	GK	오른발	이운재	74	75	70	46	71	86	75	65
5	GK	오른발	최현	54	65	59	68	58	64	62	62
6	GK	오른발	정유석	63	57	65	45	61	45	62	58
7	GK	오른발	이범영	63	59	58	55	68	58	73	50
8	GK	오른발	정의도	51	56	47	55	52	22	58	50
9	GK	오른발	정성용	70	70	73	76	70	84	75	53
10	GK	오른발	조준호	61	55	62	48	58	54	64	55
11	GK	오른발	백민철	50	66	65	65	63	72	61	50
12	GK	오른발	한동진	61	54	58	69	58	51	59	50
13	GK	오른발	김성민	52	45	48	35	27	29	51	50
14	GK									70	50
15	GK									66	50
16	GK	오른발	김용대	69	77	72	56	70	65	75	56
17	GK	오른발	이정래	62	56	68	44	60	61	68	50
18	GK	오른발	박호진	64	65	66	63	59	52	65	50
19	GK	오른발	이운재	74	75	70	46	71	86	75	65
20	GK	오른발	박동석	62	64	56	54	70	55	64	55
21	GK	오른발	정산	54	58	52	40	29	34	67	50
22	GK	오른발	유현	45	46	46	40	30	44	58	50
23	GK	오른발	김병지	69	78	66	67	57	37	71	63
24	GK	오른발	이광석	60	63	54	59	57	39	60	56
25	GK	오른발	김영광	72	70	71	46	67	60	79	42
26	GK	오른발	김성규	54	50	56	61	53	70	74	50
27	GK	오른발	최무림	54	54	50	55	57	43	66	46
28	GK	오른발	김지혁	64	62	61	54	61	49	65	36
29	GK	오른발	신화용	62	63	62	67	60	57	65	56
30	GK	오른발	염동균	63	68	61	56	50	50	68	58
31	GK	오른발	박상철	48	49	51	35	63	60	62	30

그림 80 필터 적용하기. [데이터]-[필터]를 차례대로 선택하면, 테이블 제목에 필터링을 할 수 있는 메뉴가 생성된다.

골키퍼 능력으로 리더십이 왜 필요한지는 솔직히 나도 모른다. 그렇지만 가끔 TV 중계를 통해 축구경기를 보다 보면 골키퍼가 다른 선수들에게 수비 위치 등을 지시하는 경우가 있는데 이때 리더십이 필요하지 않을까 추측한다. 골키퍼가 위기 상황에서 상기된 표정으로 큰 소리로 나이 많은 선배들의 위치 선정을 조정하려면 리더십이 필요해 보인다. 축구 비전문가의 이야기니까 믿을 필요는 없다. 현재 총 30명의 골키퍼 선수들이 정리되어 있는데, 이중에 우리가 원하는 우수한 능력의 골키퍼를 필터기능으로 선정해보도록 하자.

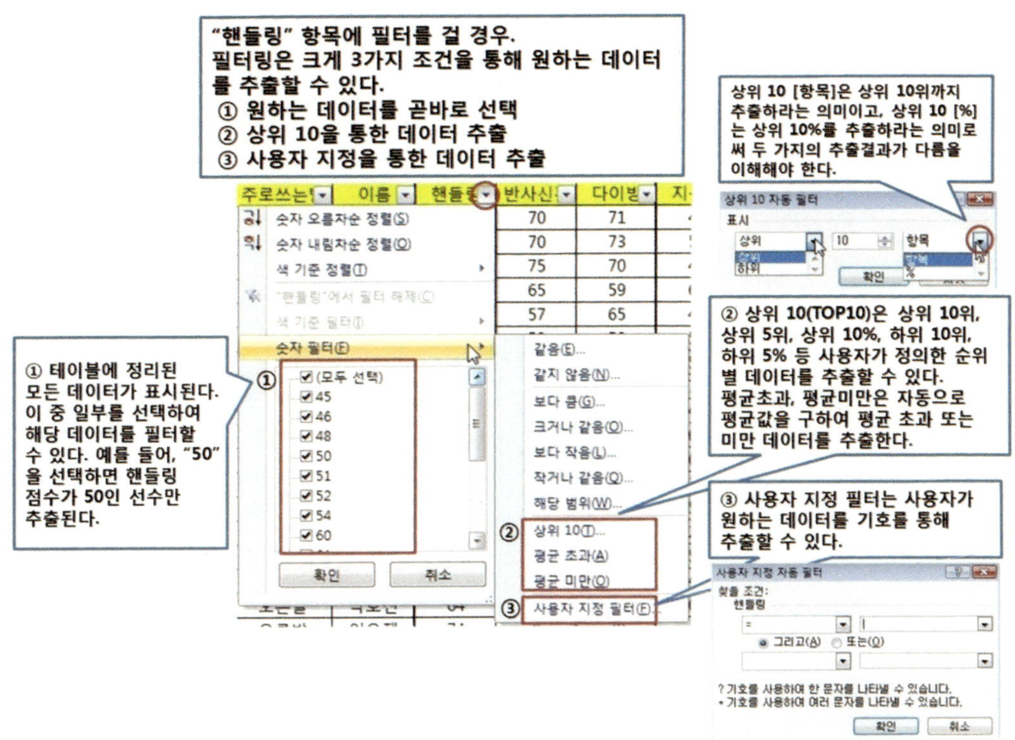

그림 81 필터링을 위한 3가지 옵션. 필터가 생성된 항목에서 크게 3가지 옵션을 통해 원하는 데이터를 필터할 수 있다.

그럼 이제부터 필터를 통해 골키퍼 대표선수를 찾아보도록 하자.

우선 핸들링, 반사신경, 다이빙이 평균 이상인 선수들을 필터해보면 다음과 같다.

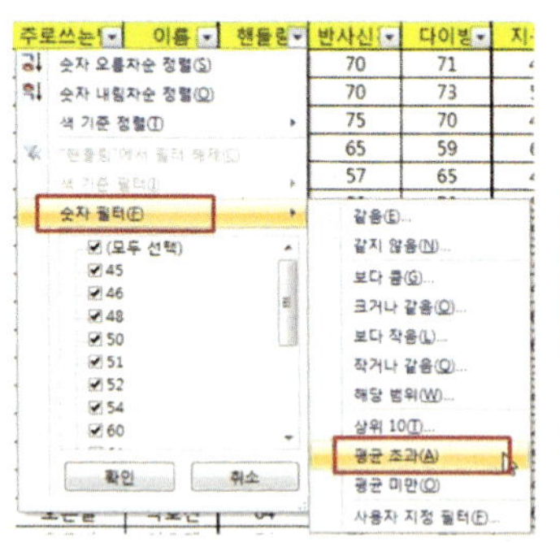

이름	핸들링	반사신	다이빙	지구력	체력	침착성	잠재력	리더십
김영광	72	70	71	46	67	60	79	42
정성용	70	70	73	52	70	74	76	50
이운재	74	75	70	46	71	86	75	65
정성용	70	70	73	76	70	84	75	53
김용대	69	77	72	56	70	65	75	56
박호진	64	65	66	63	59	52	65	50
이운재	74	75	70	46	71	86	75	65
김병지	69	78	66	67	57	37	71	63
김영광	72	70	71	46	67	60	79	42
김지혁	64	62	61	54	61	49	65	36
신화용	62	63	62	67	60	57	65	56
염동균	63	68	61	56	50	50	68	58

그림 82 숫자 필터의 [평균초과] 옵션을 이용하여 검색할 경우. [평균 초과]
또는 [평균 이하]는 평균점수를 기준으로 초과 또는 미만의 점수를
자동으로 검색할 수 있다. 이때 자동으로 평균을 구하여 필터에 적
용되므로 average함수를 별도로 구할 필요가 없다.

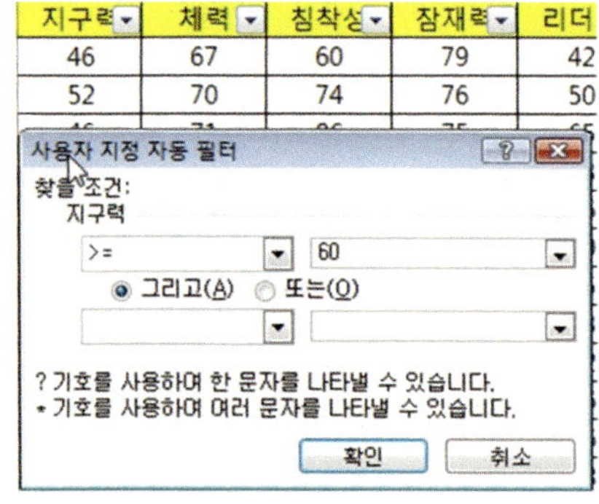

	A	B	C	D	E	F	G	H	I	J	K
1	포지	주로쓰는	이름	핸들링	반사신	다이빙	지구력	체력	침착성	잠재력	리더십
9	GK	오른발	정성용	70	70	73	76	70	84	75	53
29	GK	오른발	신화용	62	63	62	67	60	57	65	56

그림 83 숫자 필터의 [사용자 지정 자동 필터] 옵션을 이용하여 검색할 경우. [사용
자 지정 필터]를 이용하여 입력된 점수보다 크거나 같다(>=), 작거나 같다
(<=), 크다(>), 작다(<), 같다(=)와 같은 조건을 검색할 수 있다.

적용된 필터를 제거할 경우에는, 해당 항목의 필터로 들어가 "필터 해제"를 클릭하면 된다.

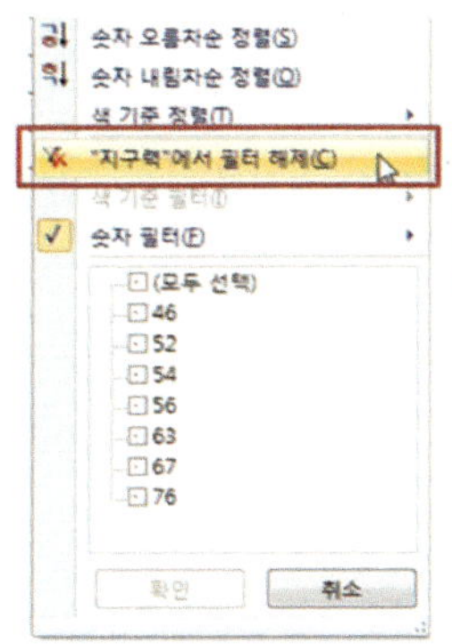

그림 84 적용된 필터를 제거할 경우. 필터가 적용된 해당 항목에서 "필터 해제"를 선택하면 적용된 필터가 제거된다.

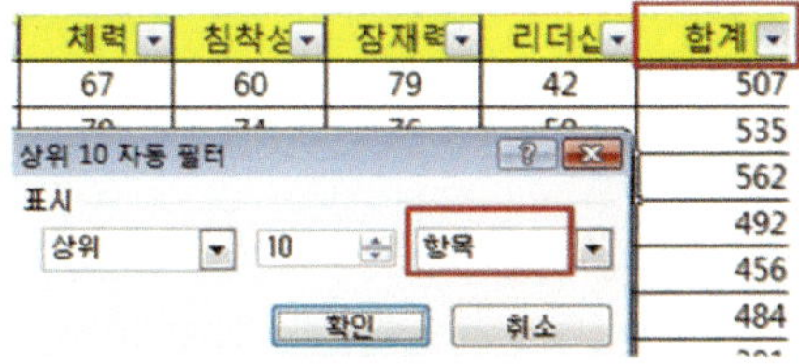

모든 항목점수의 합계를 구한 후, [상위 10] 필터를 적용하였다. "상위 10 항목"을 선택하면 1위부터 10위까지 결과로 도출된다.

포지	주로쓰는	이름	핸들링	반사신	다이빙	지구력	체력	침착성	잠재력	리더십	합계
GK	오른발	정성용	70	70	73	76	70	84	75	53	571
GK	오른발	이운재	74	75	70	46	71	86	75	65	562
GK	오른발	김용대	69	77	72	56	70	65	75	56	540
GK	오른발	김병지	69	78	66	67	57	37	71	63	508
GK	오른발	김영광	72	70	71	46	67	60	79	42	507
GK	오른발	백민철	50	66	65	65	63	72	61	50	492
GK	오른발	신화용	62	63	62	67	60	57	65	56	492
GK	오른발	최현	54	65	59	68	58	64	62	62	492
GK	오른발	박호진	64	65	66	63	59	52	65	50	484
GK	오른발	이범영	63	59	58	55	68	58	73	50	484

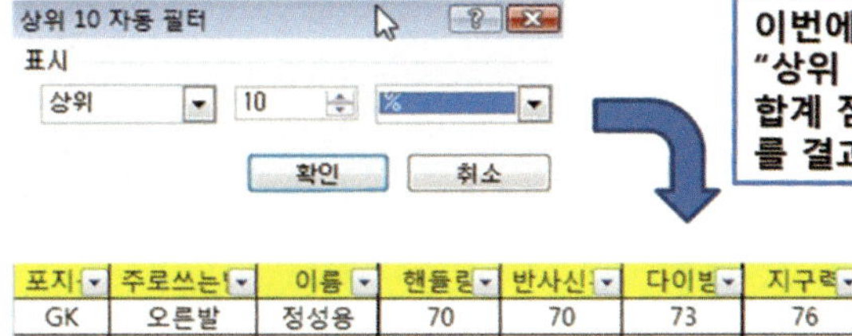

이번에는 [상위 10] 필터 중, "상위 10 %"을 선택하면 전체 선수 중 합계 점수가 10%에 해당하는 2명의 선수를 결과로 보여준다.

포지	주로쓰는	이름	핸들링	반사신	다이빙	지구력	체력	침착성	잠재력	리더십	합계
GK	오른발	정성용	70	70	73	76	70	84	75	53	571
GK	오른발	이운재	74	75	70	46	71	86	75	65	562

그림 85 숫자 필터 중 [상위 10] 옵션을 적용할 경우. "상위" 또는 "하위"의 순위를 구할 수 있다. 이때 "항목"과 "%"에 따라 결과값이 달라짐을 이해한다.

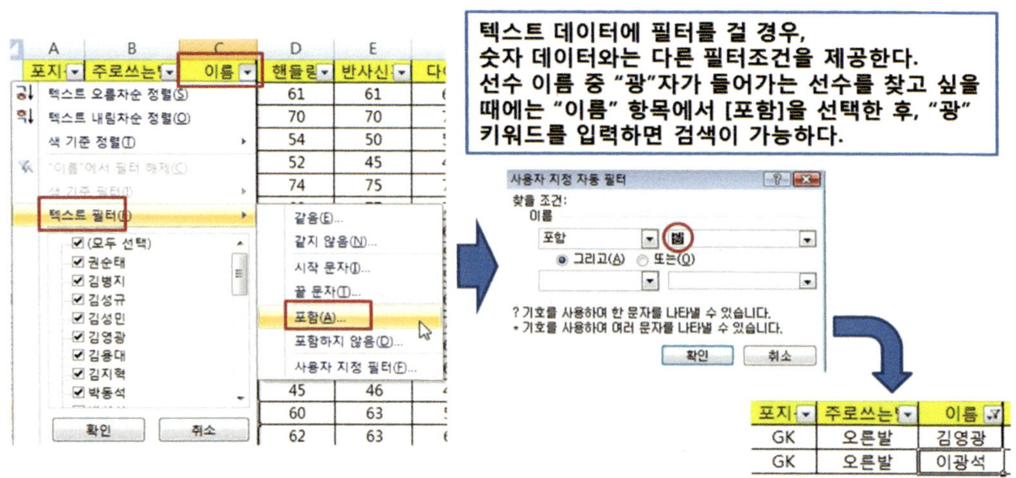

그림 86 텍스트 필터를 적용할 경우. 숫자 필터는 크거나 작다와 같은 조건을 걸 수 있지만, 텍스트 필터는 해당 문자의 존재유무를 조건으로 건다. 텍스트 필터에서는 [포함] 또는 [포함하지 않음]이 일반적으로 많이 활용된다.

차트로 분석을 마무리하다

차트를 왜 이용하는 것일까? 차트는 시각적인 자료이다. <그림 87>은 축구 대표 선수 선발하기에서 학생들이 수업시간에 제출한 엑셀 차트의 활용예제이다.

그림에서 볼 수 있는 것처럼 학생들이 활용한 엑셀 차트가 매우 좋은 시각적 자료로 구성되어 있다. 차트는 이렇게 한눈에 쉽게 데이터를 분석하게 해준다. 차트는 당연히 숫자 데이터를 시각적인 자료로 표현하는 것이다. 숫자를 그림으로 표현하는 것이기 때문에 차트의 표현이 숫자만큼 세밀하게 보여줄 수는 없다. 그러나 그림으로 표현된 차트는 데이터 간 비교가 쉽고 전체적인 동향과 흐름을 보여줄 수 있다.

그림 87 학생들이 제출한 대표선수 최종선발에 대한 차트의 활용 예. 빨간 선은 모두 후보 선수들의 평균점수를 표현하여 대표선수와 비교가 가능하도록 하였다. 차트의 사용 목적은 시각적 자료를 통해 한눈에 쉽게 파악할 수 있다는 것이다.

엑셀에서 제공하는 차트의 종류에는 크게 막대형, 선형, 원형, 분산형, 방사형 등으로 구분할 수 있다. 차트의 종류는 데이터의 성격에 따라 그리고 차트를 통해 보여줄 결과물에 따라 선택되지만, 일반적으로 막대형, 선형, 원형이 가장 많이 활용된다. 3가지 차트 종류의 목적은 다음과 같다.

– 막대형 차트(세로, 가로막대형): 항목 간 데이터 간 비교가 가장 용이하다. 막대 높이의 높고 낮음으로 비교분석이 가능하다.

– (꺾은)선형 차트: 데이터의 흐름, 동향을 보여준다. 시간의 흐름에 따라 데이터의 변화가 어떻게 이루어지는지 분석이 가능하다. 분기별(월별) 매출액, 주식동향 등

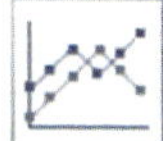

- 원형: 백분율을 표현해준다. 전체 합이 100(%)일 때 100에서 어느 정도의 영역
을 차지하는지를 원 조각(파이)을 통해 분석이 가능하다. 선거 후보자 지지율,
시장 점유율 등.

엑셀 차트의 시작은 데이터 영역 설정부터이다

엑셀에서 차트를 생성하는 것은 정말 간단하다. 우선 아래의 축구대표 선수 데이터를
살펴보자. 이번에는 공격수이다. 필터를 이용하여 상위 10위의 선수들만 추출하였다.

이름	장거리슛	슛팅정확도	슛팅파워	프리킥	속력	지구력	체력	침착성	잠재력	리더십	합계
김동현	67	65	70	50	61	72	80	66	68	20	619
김진용	61	68	61	52	61	71	78	66	69	48	635
남궁도	62	62	68	44	69	73	80	60	67	52	637
박주영	64	73	74	60	77	66	46	67	81	20	628
배기종	56	65	62	58	68	71	58	61	71	50	620
이근호	60	65	64	47	76	68	55	73	78	50	636
이동국	58	78	66	24	70	72	60	62	75	54	619
이동국	58	78	66	24	70	72	60	62	75	54	619
조진수	42	61	63	41	73	82	80	65	64	50	621
최성국	64	58	65	53	71	72	54	61	71	50	619

그림 88 공격수 상위 10위권의 선수 데이터

위 표만 살펴보면 사실 선수 간 비교가 한눈에 들어오지는 않는다. 이를 간단히
막대형 차트를 이용하여 표현하면 아래와 같다.

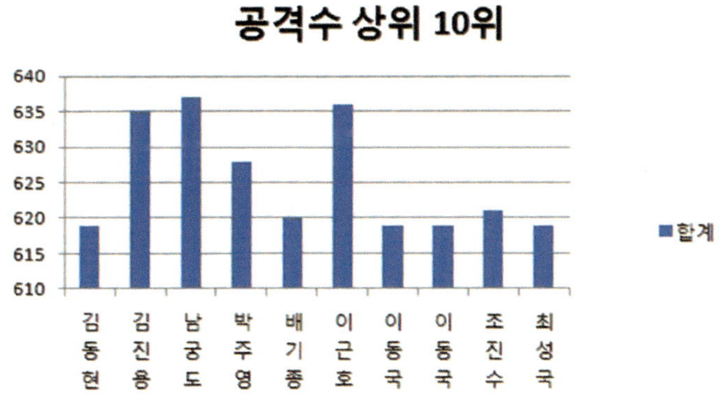

그림 89 공격수 상위 10위권에 대한 막대형 차트

차트는 이렇게 한눈에 쉽게 파악하기 위한 목적이다.

이제부터 본격적으로 엑셀에서 차트를 생성하는 방법을 살펴보자. 전혀 어렵지 않다. 엑셀에서 차트의 생성은 역시 참조에서 시작한다. 즉 차트에 표현할 데이터의 영역을 블록으로 설정하는 것부터 시작된다.

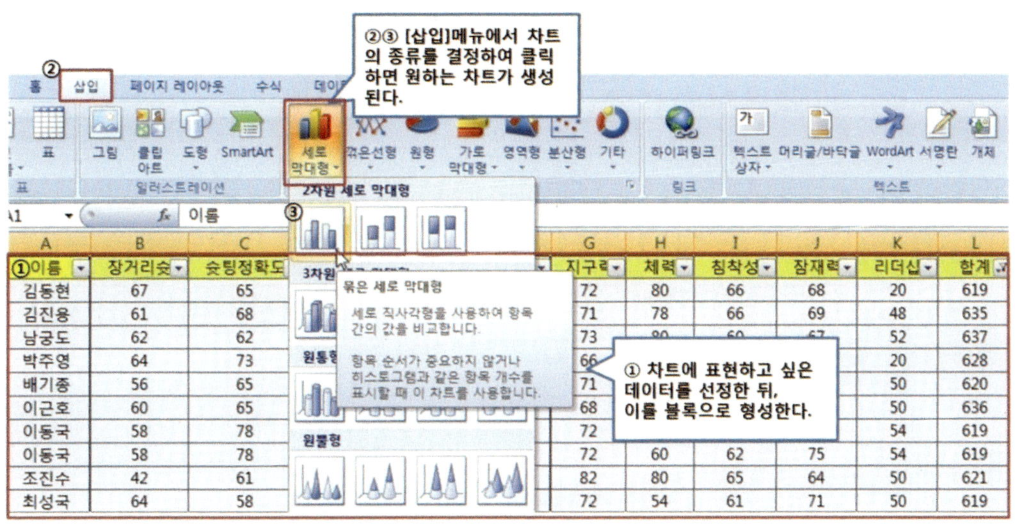

그림 90 차트 생성하기. 차트를 생성하기 전, 차트에 담을 데이터를 먼저 블록으로 형성한다.

<그림 90>과 같이 데이터 영역을 블록으로 설정한 후, 세로 막대형 차트를 생성
하면 아래와 같이 차트가 만들어진다. 그런데, 여기서 잠깐! 이렇게 만들어진 차트
를 <그림 89>와 한번 비교해보자.

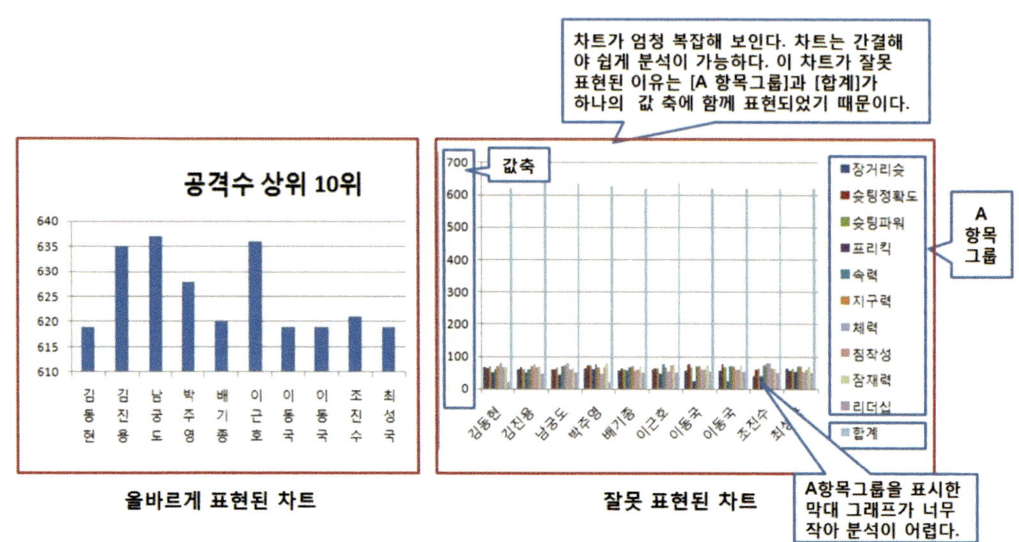

그림 91 올바르게 표현된 차트와 잘못 표현된 차트의 비교. 왼쪽 차트에 비해 오른쪽 차트의 경
우, 차트가 가진 시각적 자료로서의 의미가 없어 보인다. 차트 생성에서 중요한 건 차트
를 통해 어떤 데이터를 표현할 것인가를 결정하는 일이다.

이렇게 잘못 표현된 차트를 다시 올바르게 표현해보자. 가장 간단한 방법은 원하
는 데이터만 블록으로 치고 차트를 생성하는 것이다.

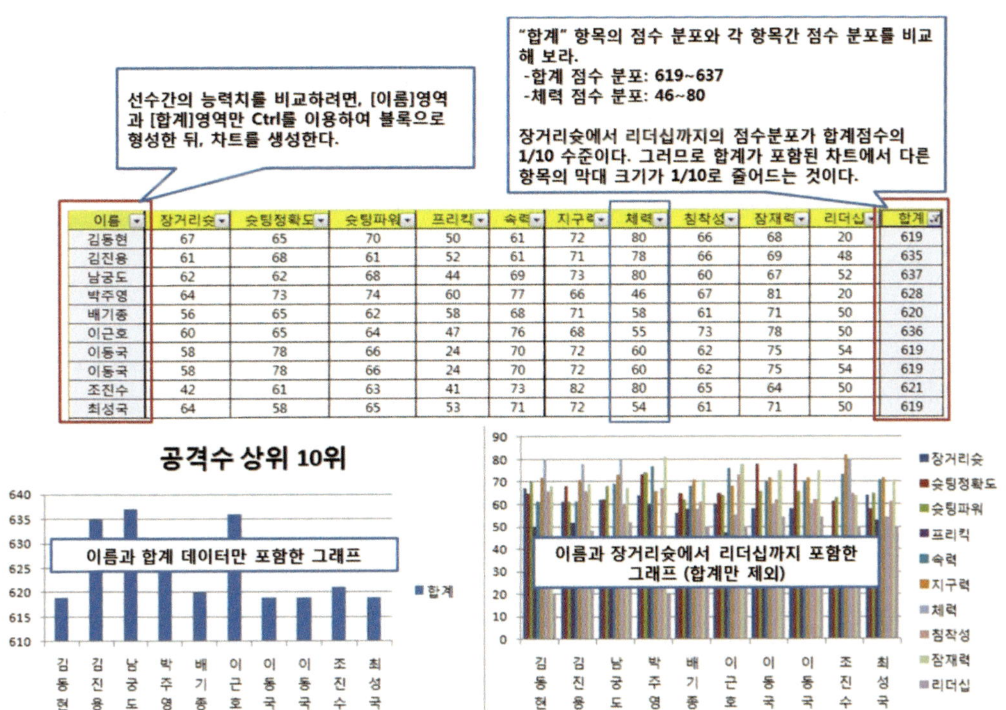

이름	장거리슛	슛팅정확도	슛팅파워	프리킥	속력	지구력	체력	침착성	잠재력	리더십	합계
김동현	67	65	70	50	61	72	80	66	68	20	619
김진용	61	68	61	52	61	71	78	66	69	48	635
남궁도	62	62	68	44	69	73	80	60	67	52	637
박주영	64	73	74	60	77	66	46	67	81	20	628
배기종	56	65	62	58	68	71	58	61	71	50	620
이근호	60	65	64	47	76	68	55	73	78	50	636
이동국	58	78	66	24	70	72	60	62	75	54	619
이동국	58	78	66	24	70	72	60	62	75	54	619
조진수	42	61	63	41	73	82	80	65	64	50	621
최성국	64	58	65	53	71	72	54	61	71	50	619

그림 92 차트에 표현되는 데이터에 따라 차트의 분석이 달라진다. 차트를 분석하기 쉽게 표현하려면 데이터의 점수 분포가 비슷해야 한다. 〈그림 91〉의 잘못 표현된 차트와 비교해보라.

<그림 92>에서는 두 가지의 차트가 표현되어 있다. 왼쪽의 차트는 "이름"과 "합계" 항목을 블록으로 형성한 뒤 막대형 차트를 표현한 것이고, 오른쪽의 차트는 "합계" 항목만 제외하고, "이름"에서 "리더십"까지의 항목을 블록으로 형성한 뒤 막대형 차트를 표현한 것이다. 역시 왼쪽의 차트가 쉬워 보인다. 그러나 오른쪽 차트도 〈그림 91〉의 잘못 표현된 차트보다는 한결 나아 보인다. 그러므로 차트를 형성하기 전에 어떤 데이터를 포함할 것인지를 잘 결정해야 한다. 주의할 점은 서로 비교하고자 하는 항목 간에 점수 분포가 비슷할수록 차트가 잘 표현된다는 것이다. 그런데 꼭 합계 점수를 포함해서 하나의 차트로 보여주고 싶다면 어떻게 해야 할까? 이번에는 선수 간 비교를 위해 장거리슛, 슛팅정확도와 합계를 하나의 차트로 표현해보자.

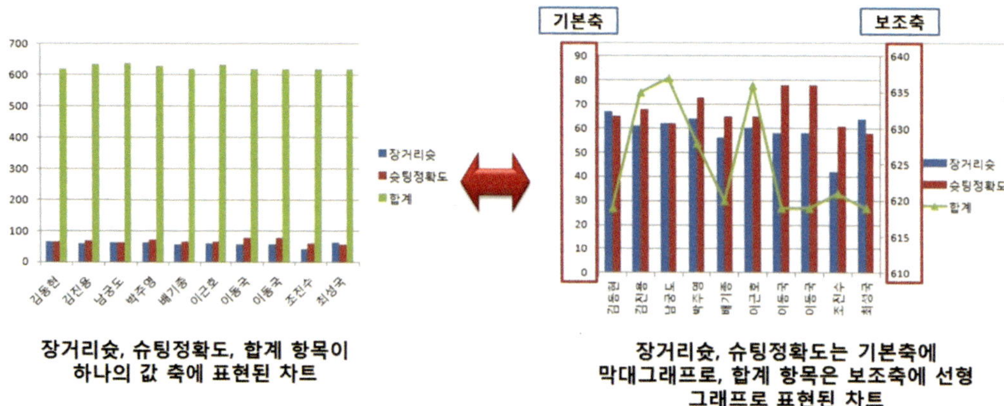

그림 93 왼쪽 차트는 3개의 항목(장거리슛, 슈팅정확도, 합계)이 하나의 값 축(기본 축)에 표현된 것이고, 오른쪽 차트는 값의 범위가 큰 "합계" 항목을 [보조 축]으로 뺀 차트. 이렇게 데이터의 범위가 다른 항목이 있을 경우, 이를 [보조 축]으로 둠으로써 차트가 간결해져 분석이 용이해진다.

<그림 93>은 차트에 표현될 데이터의 점수 분포가 서로 상이할 때, 이를 효과적으로 해결해주는 방법을 비교 설명한 것이다. 왼쪽 차트보다는 오른쪽 차트가 훨씬 간결해 보이며, 분석이 용이해진다. 장거리슛과 슈팅정확도 그리고 합계 항목은 서로 다른 점수 영역대이다. 이러한 세 가지의 항목을 하나의 값 축에 표현할 경우, 장거리슛과 슈팅정확도의 막대 그래프가 너무 축소되어 표현된다. 그러므로 점수 분포대가 다른 합계 항목을 [보조 축]으로 빼면 장거리슛과 슈팅정확도의 막대그래프도 충분한 크기를 확보할 수 있다. 또한 3개 항목 간의 비교를 더욱 용이하게 하기 위해 [합계] 항목의 차트를 막대그래프에서 선형그래프로 변경해주었다. 본 설정을 위한 방법은 다음과 같다.

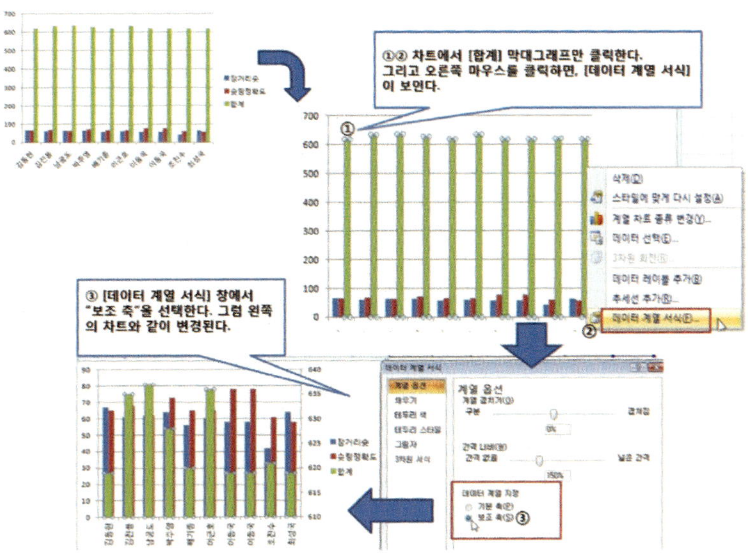

그림 94 한 항목을 [보조 축]으로 설정하는 방법. 차트에서 [보조 축]으로 변
경할 하나의 항목을 선택하고 오른쪽 마우스를 클릭한다. 그러면
[데이터 계열 서식]-[보조 축]을 차례대로 선택한다.

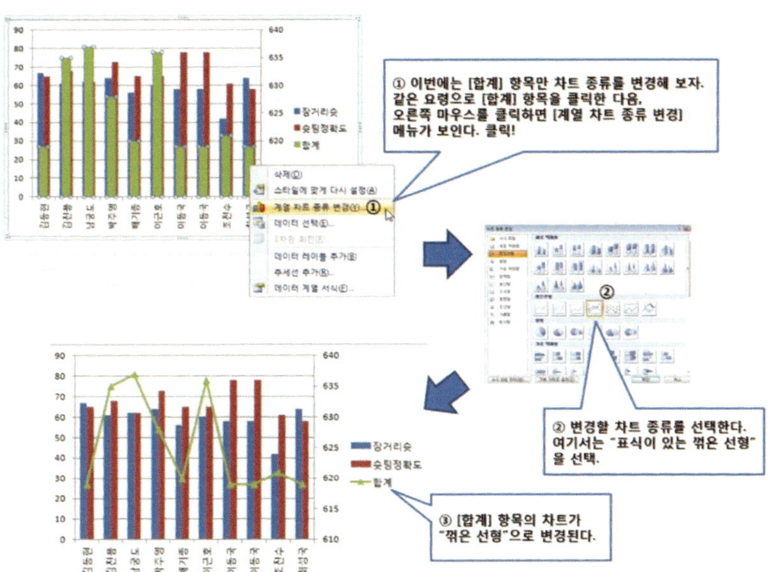

그림 95 "합계" 항목을 [보조 축]으로 변경한 다음, 차트의 종류도 변경해
보자. "합계" 막대그래프에서 역시 오른쪽 마우스를 클릭하면,
[계열 차트 종류 변경]이 보인다. 여기서 변경을 원하는 차트의
종류를 선택하면 된다.

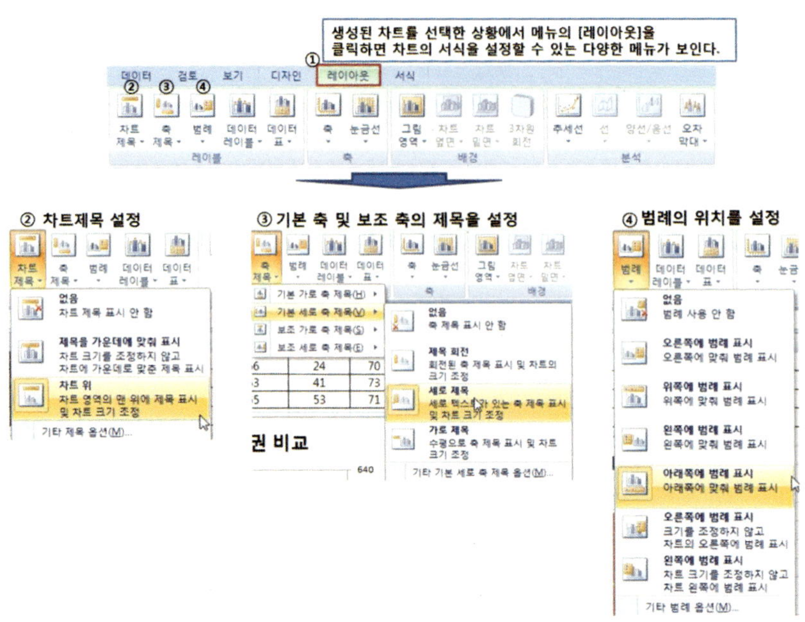

그림 96 차트의 서식을 지정할 수 있는 [레이아웃] 메뉴. 생성된 차트를 클릭한 상태에서 [레이아웃] 메뉴를 클릭하면 [차트제목], [축 제목], [범례] 등 차트의 다양한 요소들에 서식을 지정할 수 있다.

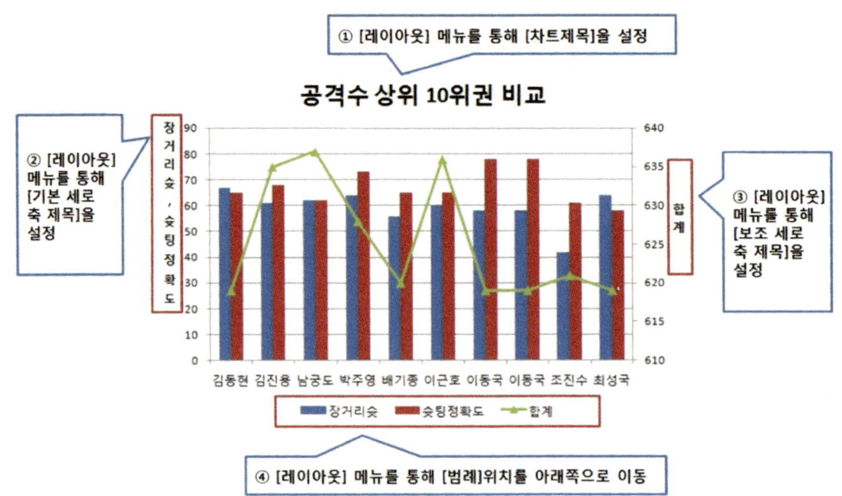

그림 97 최종적으로 완성된 차트. "장거리슛"과 "슛팅정확도"는 [기본 축], "합계" 항목은 [보조 축]으로 이동시키고 꺾은 선형으로 차트의 종류를 변경. [레이아웃] 메뉴를 통해 차트제목, 기본 축 제목, 보조 축 제목, 그리고 범례의 위치를 아래로 변경한 모습.

 이보다 쉬울 수 없는 1%의 엑셀 핵심원리

값 축 변경을 통한 차트 조작하기

차트는 시각적 이미지라고 강조하였다. 그래서 이왕이면 차트는 잘 보일수록, 정확히 말해 비교분석이 쉬울수록 더 좋은 차트라고 말할 수 있다. 아래의 그림을 살펴보자. 공격수 상위 10위권 선수들의 장거리슛에 대한 비교 차트이다. 두 개의 차트 모두 동일한 데이터를 참조하여 생성한 것이다. 그런데 왼쪽 차트보다는 오른쪽 차트가 선수 간 장거리슛에 대한 능력치가 더 뚜렷해 보인다. 사실 왼쪽 차트의 경우, 어느 선수가 장거리슛 분야에서 좋은지 한눈에 분석하기가 힘들다. 반면, 오른쪽 차트는 쉽게 파악이 가능하다.

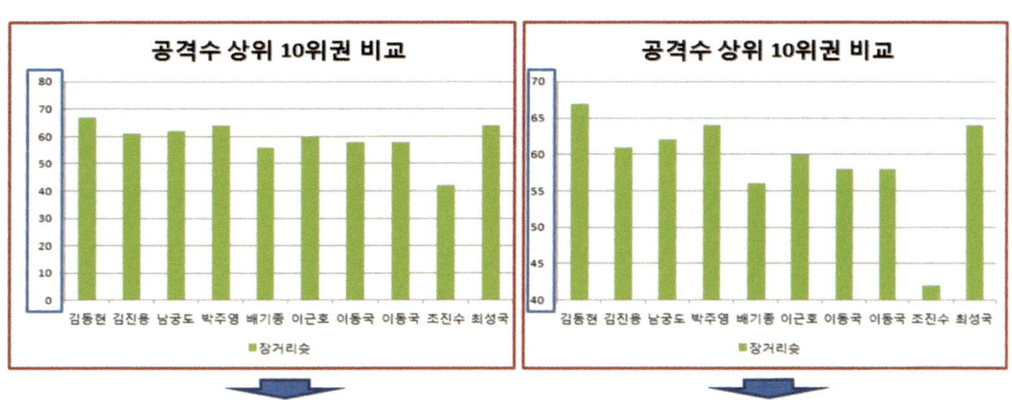

[값 축]-[축 옵션]을 자동으로 설정할 때

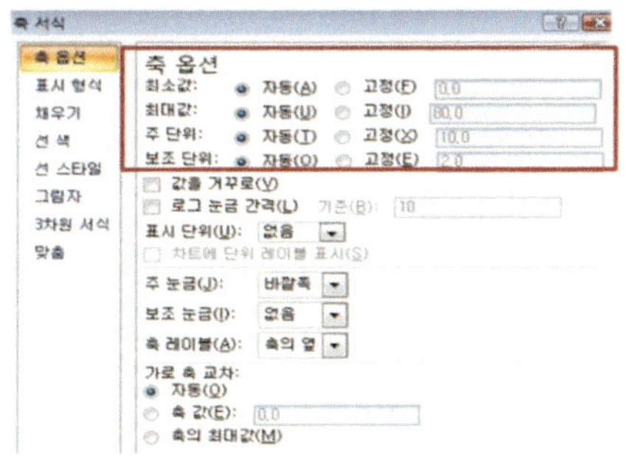

[값 축]-[축 옵션]을 고정(사용자 지정)으로 설정할 때

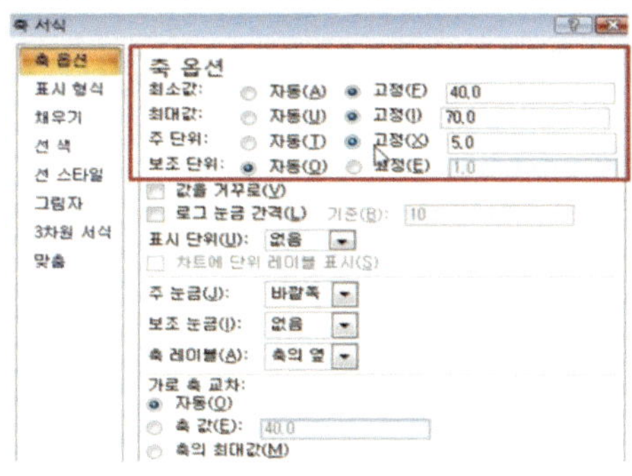

그림 98 [값 축]-[축 옵션]을 "자동"으로 설정할 때(왼쪽)와 "고정"으로 설정할 때(오른쪽)의 차이점. 똑같은 데이터를 가지고 표현한 차트이지만 [값 축]의 옵션을 고정(사용자 지정)으로 변경해주는 것만으로도 왼쪽 차트보다는 오른쪽 차트가 선수 간 격차가 훨씬 커 보인다. 왼쪽 차트와 오른쪽 차트의 값 축 범위를 보면 그 이유를 알 수 있다.

　같은 데이터(장거리슛에 대한 점수)를 사용하였음에도 불구하고, 왜 이런 차이가 발생하는 것일까? 그 이유는 차트의 [값 축]에 비밀이 있다. 두 차트의 [값 축]을 살펴보라. 왼쪽 차트는 데이터가 "0"부터 "80"까지 표현되었고 숫자 간 간격도 "10"단위로 커진다. 그런데 오른쪽 차트는 최소 "40"부터 최대 "70"까지 표현되어 있으며 단위간격도 "5"씩 증가되어 더 세밀하다. 그래서 이를 값 축을 통한 차트의 조작이라고 표현한다. 조작이라고 표현한 이유는 차트를 생성할 때 이러한 값 축 조정을 통해 차트의 분석을 용이하게 만들 수도 있지만, 반대의 경우도 가능하기 때문이다. 차트의 비교분석을 더욱 용이하게 만들 것인지, 아니면 좀 더 어렵게 만들 것인지를 상황에 맞춰 생성할 수 있기 때문이다. 오른쪽 같은 차트를 만들 수도 있지만, 왼쪽과 같은 차트를 만들 수도 있다는 것이다. 물론 오른쪽 차트를 통해 특정 선수를 부각시킬 수도 있다. 그래서 조작이다. 실제 데이터의 값을 조작한 것이 아니므로 전혀 문제될 것은 없다. 단지 본 엑셀차트를 보는 사람이 잠시 착각을 불러 일으킬 뿐이다.

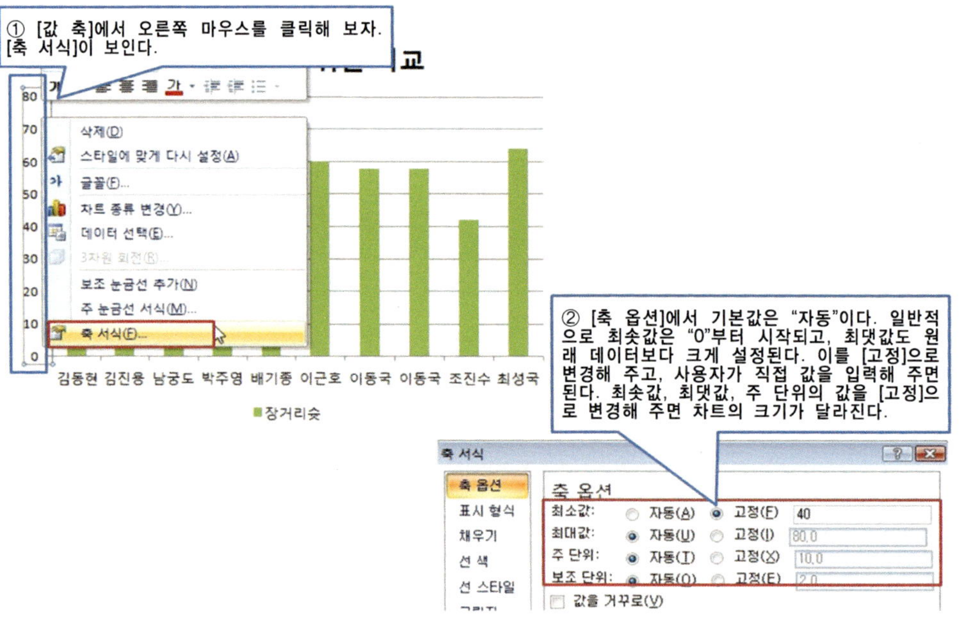

그림 99 [값 축]-[축 서식]-[축 옵션]의 값을 [자동]에서 [고정]으로 변경하고, 사용자가 직접 최솟값, 최댓값, 주단위, 보조단위 값을 변경해주면 차트의 크기가 달라진다. 위 예에서는 [자동]일 때, 최솟값 0, 최댓값 80, 주단위 10이었다. 이를 [고정]으로 변경한 뒤, 최솟값 40, 최댓값 70, 주단위 5로 변경하였다.

원형 차트 제대로 표현하기

마지막으로 원형 차트를 통해 차트의 세부적인 기능에 대해 알아보자. 축구는 전·후반을 합쳐 모두 90분간 경기이다. 축구경기를 TV로 시청하다 보면, 양팀 간의 골 점유율에 대한 차트를 간혹 볼 수 있다. 점유율은 총 90분 경기 동안 어느 팀이 더 오랫동안 골을 가지고 있었는지를 나타낸다. 만약 한국과 스위스전의 국가 대항전에서 한국대표팀이 50분, 스위스 대표팀이 40분간 볼을 점유했다면, 골 점유율 계산은 어떻게 할 수 있을까? 총 90분 중에서 한국 대표팀이 50분이라면 점유율 계산은 이렇게 된다.

한국 대표팀 골 점유율 = 한국 골 점유시간 / 전체 시간

이렇게 점유율로 표현된 원형차트는 아래의 그림처럼 표현된다.

골 점유율

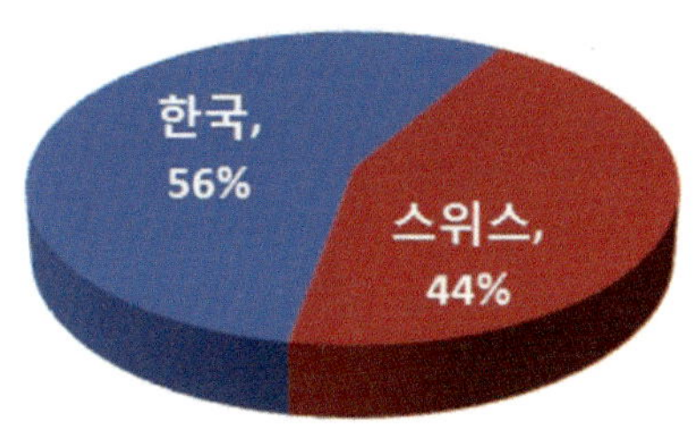

그림 100 원형 차트로 표현된
골 점유율 데이터

점유율 계산과 같이 백분율 계산은 일반적으로 나누기를 통해 구해준다. 이때 나누기를 할 때 주의할 점은, 분모와 분자의 자리이다. 분모와 분자의 자리를 가끔 헷갈려 하는 경우가 있는데, 걱정할 필요가 없다. 백분율의 합은 반드시 "1"이

나와야 한다. 백분율로 표시하면 곱하기100(*100)을 해야 하니까 100%가 된다. 합계가 "1"이 초과된다는 것은 분모와 분자의 자리가 바뀌었다는 뜻이다.

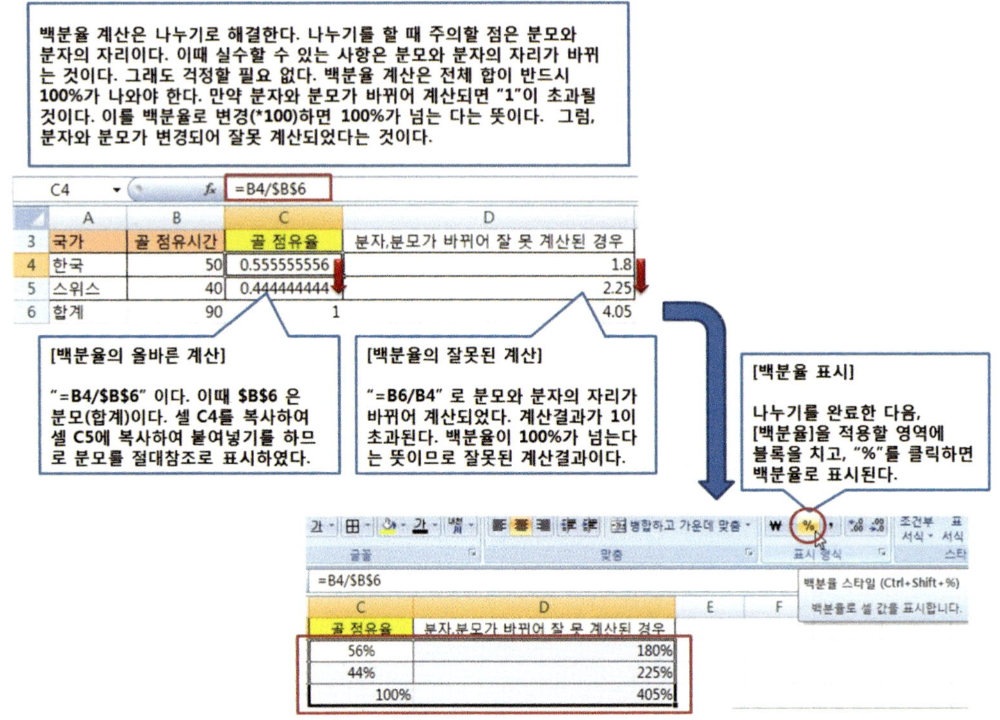

그림 101 백분율 구하기. 백분율을 구할 때, 분모는 늘 합계가 된다. 나누기를 통해 분자/분모를 계산하였다면, 메뉴의 "%"(백분율 스타일)을 클릭하면 나누기 계산결과를 백분율로 변경해준다.

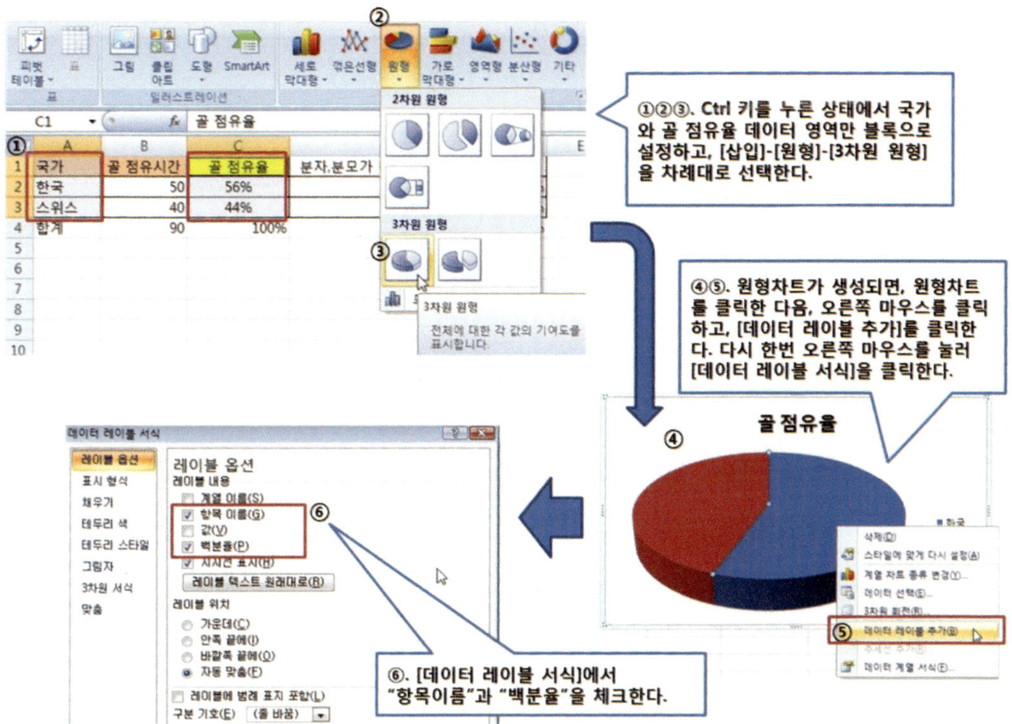

그림 102 원형 차트 생성하기. 골 점유율에 대한 3차원 원형차트를 만들어보자. 데이터 영역을 블록으로 친 다음 [삽입]-[원형]-[3차원 원형]을 선택하면 된다. 일반적으로 원형 차트는 범례를 따로 두지 않고, 원 조각(파이)에 [항목 이름]과 [백분율]을 함께 표시해두면 좋다.

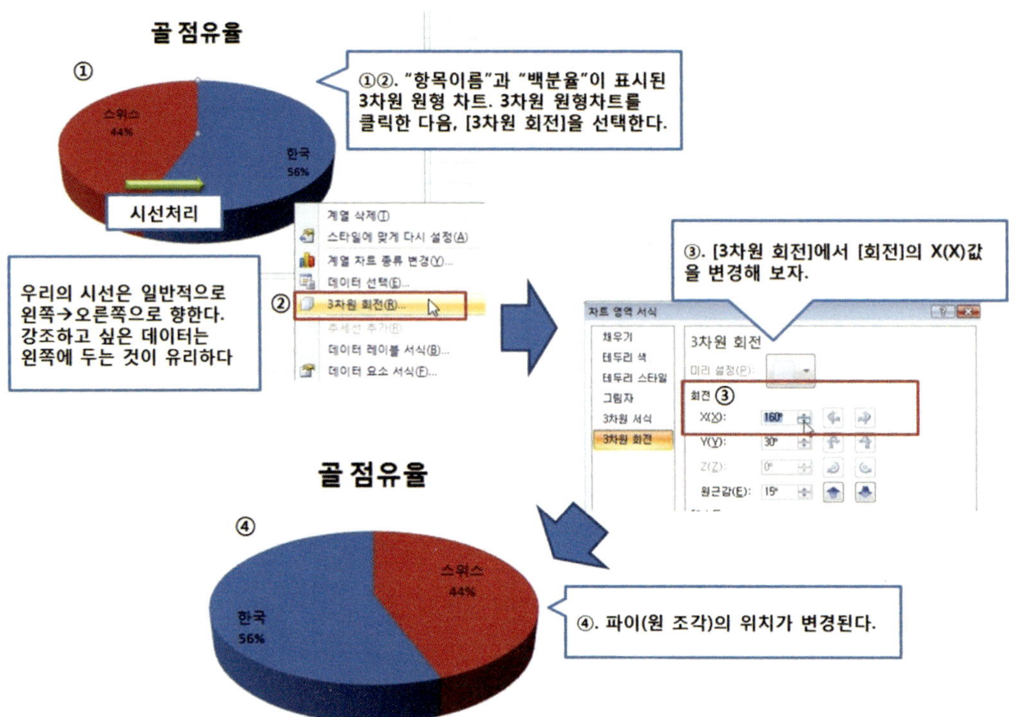

그림 103 3차원 원형 차트에 [항목 이름]과 [백분율]을 표시하고 [3차원 회전]을 통해 원 조각의 위치를 조정한다. 강조하고 싶은 원 조각(파이)을 왼쪽에 두는 것이 좋다. 왜냐하면 시선은 왼쪽에서 오른쪽으로 이동하기 때문에 중요한 데이터를 먼저 표기하고, 비교 대상을 다음 위치에 두는 것이 분석에 유리하다.

이제 엑셀에 대한 이야기를 마무리할 때가 되었다. 부디 본 이야기가 누구에게나 엑셀이 쉽게 와 닿았으면 한다. 본서가 엑셀에 대한 이야기를 담고 있지만 엑셀 전문서적은 아니다. 오히려 엑셀 대중서로 볼 수 있다. 엑셀의 기능 중 어렵거나 잘 활용되지 않는 기능은 필자의 판단에 의해 모두 제거하였다. 중요하면서도 활용성이 높은 엑셀 기능에 무게를 두었다. 그래서 다른 엑셀 서적에 비해 엑셀 기능의 수는 많이 부족한 것이 사실이다. 그러나 꼭 알아두어야 할 엑셀의 기능은 가능한 정성을 들여 설명을 하였다. 또한 예제를 통해 흔히 할 수 있는 실수까지 비교 설명하고자 하였고, 그간의 엑셀 경험도 담아보았다. 개인적 용도나 회사의 업무에서 이 정도 기능만 알아도 충분하다고 판단하였다. 본서가 엑셀 대중화에 조금이나마 기여하였으면 한다. "참조하여 복사하라"는 저자가 꼽는 엑셀의 핵심 개념 중 하나이다. 이것만 알고 있어도 엑셀의 활용이 좀 더 쉬워지리라. 엑셀은 전혀 어렵지 않다. 오히려 엑셀 활용을 통해 여러분의 업무 효율성에 날개를 달아줄 수 있을 것이다. 그러기 위해서는 우선 엑셀이 필요한 상황에 접해야 한다. 엑셀이 필요한 상황은 언제 어디서나 존재한다. 숫자에는 약할 수 있지만 숫자가 없는 현대생활은 상상할 수 없으니까. 필자처럼 숫자가 약한 사람은 더욱 엑셀을 사용해야 하는 이유이다.

엑셀 대중화 교육을 원하는 모든 사람들과 의견을 나누고 싶다. 서로가 가진 노하우를 공유한다면 더욱 좋으리라. 본서에 대한 의견이나 오류 등도 좋다. 필자의 연락처는 아래와 같다.
이메일: chojh01@gmail.com
페이스북: http://www.facebook.com/jaehyung.cho.16

마지막으로 가족에게 무한한 감사와 사랑을 전한다.

- 엑셀의 참조에 대해 꼭 기억해 두자. 셀에서 "="을 입력한 뒤 참조할 셀을 마우스로 클릭하거나, 계산을 한다. "3*3="이 아니고, 엑셀에서는 "=3*3"이 되어야 한다.

- 엑셀에서 계산을 할 때는 계산기처럼 "=30000*4*1"라고 입력하지 말고, "=B6*C6*D6"과 같이 참조해서 계산해야 한다.

- 참조를 통해 구해진 엑셀의 계산은 복사(Ctrl+c)해서 붙이기(Ctrl+v)가 가능해진다. 이제부터 엑셀의 계산은 딱 한 번만 구하면 된다. 나머지는 복사하라.

- 엑셀의 복사하기는 다양하다. Ctrl+c를 할 때, 서식복사뿐 아니라 계산과정을 복사하는 수식복사가 기본이다.

- "=E5+E6+E7+E8+E9"가 귀찮다면 "=sum(E5:E9)"의 자동합계함수를 이용하라. 합계를 구하면 평균도 알고 싶다. 그때 "=합계/6"을 하지 말고, "=average(E5:E9)"로 구하라. 함수도 참조의 개념을 이용해야 한다.

- "참조하여 복사하라." 이것이 우리가 엑셀을 사용하는 궁극적인 이유이다. 복사하여 붙여넣기 할 때, 상황을 인지하라. 절대참조가 될 상황은 아닌지. 절대참조를 이용하면 함수의 사용이 풍부해지고 더욱 편리해진다. 상대참조와 절대참조의 상황을 반드시 이해해야 한다.

- 절대참조를 이용하여 석차(=rank())를 구하라. "=rank(G4,$G$4:$G$13)"의 개념은 "나의 점수가 전체 학생점수에서 몇 등이니"이다. 참조영역(전체 학생점수)은 절대참조된다.

- 원하는 데이터를 찾아서 표시하고 싶을 때는 vlookup함수를 꼭 기억하자. vlookup함수는 검색을 위한 함수이다. 예를 들어 나의 점수가 몇 점[①]이라면, 본 점수는 [학점등급표]에서 어떤 등급[②]이 되는지 알고 싶을 때 사용된다. ①이 [96]점이라면, [학점등급표]를 통해 ②가 [A+]등급임을 찾아서 표시해준다. [비슷한 값 찾기]옵션에서 점수기준표는 반드시 오름차순(낮은 점수부터 높은 점수)으로 정렬되어 있어야 한다.

학점등급표	
60	D
65	D+
70	C
75	C+
80	B
85	B+
90	A
95	A+

- if함수는 "잘했어요"와 "못했어요"를 판정해준다. if함수는 조건(90점 이상이면)을 제시하고, 이 조건에 맞으면 참값(잘했어요), 조건에 맞지 않으면 거짓값(못했어요)을 판정해줄 수 있는 함수이다.

- vlookup함수와 if함수는 같은 성격의 함수이다. 같은 일을 할 수 있다. 그렇지만 구하고 싶은 검색결과가 많으면 if함수보다는 vlookup함수를 사용하라. 그 이유는 비교해보면 알 수 있다.

학생 점수의 학점(A+,A, B+, B, C+, C, D+, D, F)을 구할 때?

(1) if함수로 작성한 경우
=if(G6>=95,"A+", if(G6>=90,"A", if(G6>=85,"B+", if(G6>=80,"B", if(G6>=75,"C+", if(G6>=70,"C", if(G6>=65,"D+", if(G6>=60,"D","F")))))))

(2) vlookup함수로 작성한 경우
= vlookup(G4,$L$4:$M$11,2,TRUE)

- 개수(인원수)를 구할 때는 count함수를 사용하라. count함수는 counta, countblank, countif의 가족으로 구성된다. 특히 IF함수의 결합인 =countif()함수는 조건에 맞는 개수를 구할 수 있다. '남자와 여자는 몇 몇일까? 정회원은 몇 명일까? 90점 이상은 몇 명일까?' 등 광범위하게 적용된다.

- sumif함수는 countif와 같은 뿌리를 가지고 있다. 그래서 조건에 맞는 합계를 구할 수 있다. '남녀 연봉 데이터에서 남자 연봉의 합계는 얼마일까? 정회원의 연회비 합계는 얼마일까? 90점 이상인 학생의 수학점수 합계는 얼마일까?' 등에 적용된다.

- 엑셀로 정리된 데이터가 모니터 화면에 표시될 때 스크롤을 사용하여 움직여야 한다면, 틀 고정을 이용하라. 스크롤을 이용하여 위아래 또는 좌우로 반복해서 이동하는 불편을 제거해준다.

- 중요하지만 보여주고 싶지 않은 데이터가 있다면 해당 열이나 행을 숨길 수 있다. 숨기기 기능을 사용하라.

- 엑셀의 인쇄기능은 토너를 절약해주고, 종이를 아껴준다. 자동배열을 통한 확대/축소, 매 페이지마다 표 제목 인쇄, 간단하게 인쇄, 페이지 번호 삽입 등 간단하지만, 편리한 기능들이다.

- 명단(list)을 정리할 때는 순번을 붙여라. 이때 1부터 100까지 일일이 입력하면 시간이 너무 많이 소요된다. 순번입력 역시 연속 복사하기를 이용하라. 아니면 =row()함수를 이용하라. 1초 만에 순번을 입력할 수 있다.

- 엑셀 분석의 기본은 정렬이다. 정렬기준이 하나일 때와 두 개 이상이 될 때를 구분하여 오름차순(낮은 것부터 높은 것, ㄱ→ㅎ) 또는 내림차순(높은 것부터

낮은 것, ㅎ➔ㄱ)을 해보라.

- 정렬을 알았다면 부분합을 구할 수 있다. 그룹별 합계, 평균, 개수, 최대, 최소 등을 알고 싶다면 부분합을 활용하라. 부분합 적용 전에 반드시 정렬을 통해 같은 데이터끼리 그룹을 설정해야 한다. 부분합을 알면, 포지션별 합계, 평균을 구할 수 있고, 성별에 따른 연봉 평균, 연령대에 따른 지출 평균, 회원등급별 매출 합계 등을 구할 수 있다.

- 필터링으로 원하는 데이터만 검색해보자. 자동필터를 달면, 상위 10위 데이터, 하위 5% 데이터, 평균 초과(또는 미만) 데이터, 90 이상 데이터, 50보다 크고 80보다 작은 데이터, 김씨 성을 가진 회원명단, 서울거주자 등을 찾을 수 있다.

- 숫자는 정확하고 정교하지만, 한눈에 파악되기 쉽지 않다. 차트를 통해 숫자를 이미지화하라. 차트를 생성하기 위해서는 우선 차트에 담을 데이터를 결정한 뒤 블록을 치고, 차트의 종류를 결정한 뒤 차트를 삽입하면 된다.

- 차트는 금세 만들어지지만, 생성된 차트를 통해 비교분석이 용이한지 판단하라. 만약 그렇지 않다면, 필요한 데이터 영역만을 차트에 담아라. 그래도 부족하다면 데이터 간 값 범위를 비교하라. 값 축이 차트를 간결하게 만드는 비밀이다. 값 축을 조정하고 보조 축을 활용하라.

- 차트를 생성한 뒤, 레이아웃을 통해 차트의 요소마다 이름을 붙여라. 차트의 영역별로 오른쪽 마우스를 잘 활용하여 차트 제목, 축 제목, 범례 위치 등을 지정하라.

- 금액을 표시할 때는 쉼표 스타일(,)을 꼭 적용하라. %로 표시할 때는 백분율 스타일(%)을 활용하면 된다. 그리고 자릿수 줄임과 늘림으로 깔끔하게 소수점을 정리하라.

조재형

현재 부산외국어대학교 특성화교육원 교수 겸 부원장이다. 국제통상지역전문가(GLE) 양성프로그램에서 ICT(Information & Communication Technology) 관련 과목들을 가르치고 있다. 국제통상지역전문가 양성프로그램은 부산외국어대학교의 사관학교라는 별칭답게 15년간 취업률 90%를 유지하고 있으며, 실험적이고 도전적인 수업을 만들기 위해 늘 노력하고 있다. 지금까지 정보시스템과 관련한 30여 편의 국내외 논문들이 있으며, 저서로는 『인터넷 환경의 지식시스템』(공저)이 있다. International Society of Applied Intelligence에서 최우수 논문상(2007)을 수상하였고, 해양산업연구원 해양IT정보 연구위원, IMO 국제기구 연구위원(해양수산부(구) 소속)으로 활동하였다.

이보다 쉬울 수 없는

1%의 엑셀 핵심 원리

초 판 인 쇄 | 2012년 12월 28일
초 판 발 행 | 2012년 12월 28일

지 은 이 | 조재형
펴 낸 이 | 채종준
펴 낸 곳 | 한국학술정보㈜
주   소 | 경기도 파주시 문발동 파주출판문화정보산업단지 513-5
전   화 | 031) 908-3181(대표)
팩   스 | 031) 908-3189
홈 페 이 지 | http://ebook.kstudy.com
E-mail | 출판사업부 publish@kstudy.com
등   록 | 제일산-115호(2000. 6. 19)

ISBN   978-89-268-4010-8 03560 (Paper Book)
            978-89-268-4011-5 05560 (e-Book)

이담Books 는 한국학술정보(주)의 지식실용서 브랜드입니다.